馬療書『癘瘲千金寶』の医世界および由来を尋ねて

――馬医学史および甲州・武州の歴史社会の展開――

大柴弘子

CHOEISHA

緒　言

　本書は未知の馬療書『瘄瘄千金寶』との出会いから、『瘄瘄千金寶』の医世界および由来についての探索となった。そして、地域の馬の歴史と共に馬療史（馬医学史）および宗教・歴史社会の展開を辿った。馬療書『瘄瘄千金寶』の解読、古書および民俗調査、聞き取り調査に因る「郷土誌ノート」である。これにより、現在殆ど開拓されていない馬療史（馬医学史）の一端について、五行理論に基づいた馬療・馬医学の存在や馬医書の歴史社会について、新たな発見と知見を得た。

　ここで、「馬療」とは生物医学における治療のみならず馬の健全のための対処法（加持祈禱や祓いや呪い、本草、鍼灸などの治療）を含む全ての治療の意味で用いる。

　また、原著表記の『瘄瘄千金寶』『馬の寫本』は『馬症千金宝』『馬の写本』とも記していく。

本書の構成

Ⅰ章　『瘄瘄千金寶』『馬の寫本』

Ⅱ章　『瘄瘄千金寶』の解読、課題

Ⅲ章　『瘄瘄千金寶』の医世界－病因・対処法・病馬絵図－

Ⅳ章　『瘄瘄千金寶』の五行哲理

Ⅴ章　地域における馬・宗教、歴史社会と『瘄瘄千金寶』

Ⅵ章（付記）　宿河原の『馬経伝方』と「安西流馬医絵巻」（類別Ａ）

　以上のⅠ章、Ⅱ章、Ⅲ章、Ⅴ章は、『民俗文化研究』9号（2008年）10号（2009年）11号（2011年）の研究ノートを加筆・修正して記した。ここでは、2011年以降新たに発見された『瘄瘄千金寶』二点を加えて対象にした。Ⅳ章およびⅥ章（付記）については新たに加筆した。

馬療書『癘癘千金寶』の医世界および由来を尋ねて
──馬医学史および甲州・武州の歴史社会の展開──

目次

緒言　*1*

Ⅰ章　『癘瘊千金寳』『馬の寫本（祭事ノ巻）』……………………………… 11

はじめに

一節　馬療書『癘瘊千金寳』について　*13*

　　1．『癘瘊千金寳』との出会い、研究経過、目的　*13*

　　2．馬と地域の歴史および小淵沢村昌久寺　*13*

　　　　地図1．山梨県旧北巨摩郡小淵沢村・樫山村の位置　*14*

　　3．獣医学史の中の『癘瘊千金寳』および『馬の寫本（祭事ノ巻）』　*14*

二節　『癘瘊千金寳』『馬の寫本（祭事ノ巻）』来歴概要　*15*

　　　　表1．『癘瘊千金寳』（A）『馬の寫本』（B）の所在および内容一覧　*16*

三節　『癘瘊千金宝』（A）および『馬の寫本』（B）の構成内容・類似記載　*16*

　　1．『癘瘊千金宝』（A）の構成と内容　*16*

　　2．『馬の寫本』（B）の構成と内容　*17*

　　3．AとBの類似記載（「本文」「追記」）について　*19*

　　　　写真Ⅰ．『癘瘊千金寳』（表1.A1.）旧樫山村大柴元平家所蔵　*20*

　　　　写真Ⅱ．『癘瘊千金寳』（表1.A2.）杏雨書屋旧乾々斎文庫所蔵　*20*

　　　　写真Ⅲ．『馬の寫本（祭事ノ巻）』（表1.B1.）麻布大学附属情報学術センター所蔵　*20*

おわりに　*27*

注　*27*

文献　*28*

Ⅱ章　『癘瘊千金寳』『馬の寫本（祭事ノ巻）』の解読および課題 ………… 29

はじめに

一節　『癘瘊千金寳』『馬の寫本（祭事ノ巻）』の「本文」解読および考察　*31*

　　1．凡例　*31*

　　2．「本文」解読　*31*

　　3．「本文」の解読結果、考察　*35*

　　　1）木版と筆書き写本　*35*

　　　2）曖昧・不明瞭な記載箇所が共通している　*35*

　　　3）A、Bそれぞれの地域性が見える　*35*

　　　4）病因は「神の祟り」　*36*

　　　5）対処法は加持祈禱が主要になる　*36*

　　　6）元は口伝であった　*36*

二節　『癘瘊千金寳』『馬の寫本（祭事ノ巻）』の「追記」解読および考察　*36*

　　1．「追記」解読　*36*

　　2．「追記」解読結果、考察　*36*

　　　　１）Ａ．Ｂ．の事項から看取されること　　　*36*

　　　　２）知識の曖昧・誤記載　　　*37*

三節　「祭事の巻」の解読、考察　　　*37*

　　　　　　表2.『癘瘰千金寶』（Ａ）『馬の寫本（祭事ノ巻）』（Ｂ）の「追記」解読一覧　　　*38*

まとめ―課題　　　*40*

注　　　*40*

Ⅲ章　『癘瘰千金寶』の表題、病因、病名、対処法、病馬絵図 ……………… *41*

はじめに

出典概要　　　*43*

一節　『癘瘰千金寶』の病因、病名、対処法一覧　　　*45*

　　　　　　表3.『癘瘰千金寶』の病因、病名、対処法一覧　　　*46*

二節　『癘瘰千金寶』の表題について　　　*48*

　　１．「馬宇三蔵大士妙傳」　　　*48*

　　２．「癘瘰千金寶」　　　*48*

　　３．「矢野堂別當小淵沢村昌久寺」と木版　　　*49*

三節　『癘瘰千金寶』における病因・祟りと加持祈禱　　　*50*

　　１．中国の古代における祟りと加持祈禱　　　*50*

　　２．日本の古代から近世における祟りと対処法　　　*51*

　　３．『斉民要術』、『鷹経』の中の祟りと加持祈禱　　　*52*

　　４．『癘瘰千金宝』の病因「十二日方位祟神所在」と加持祈禱　　　*53*

四節　『癘瘰千金寶』における病名　　　*53*

　　１．古書中に記されている「病名」　　　*55*

　　　　　　表4.『癘瘰千金寶』および「古書」中の病名　　　*54*

　　２．『癘瘰千金宝』の病名「大風」「はや風」以外は不明　　　*55*

五節　『癘瘰千金寶』における本草　　　*56*

　　　　　　表5.『癘瘰千金寶』本草から見た「古書」中の本草　　　*57*

　　１．『癘瘰千金宝』の本草は『神農本草経』『千金翼方』の中に全て在る　　　*64*

　　２．Ａ、Ｂの差異・地域性　　　*64*

　　３．薬師草・ふなわら　　　*65*

　　４．『癘瘰千金宝』の人体本草「開の毛・ギョクモンの毛」　　　*65*

　　５．酒、酢、塩、および効能　　　*66*

　　６．『癘瘰千金宝』の本草と日本の「馬医古書」　　　*66*

六節　『癘瘰千金寶』における鍼灸　　　*66*

　　　　　　表6.『癘瘰千金寶』経穴から見た「古書」中の経穴　　　*67*

七節　『癘瘰千金寶』における病馬絵図と服飾　　　*68*

　　１．病馬祟神および服飾　　　*68*

　　１）騎馬・弓矢・烏帽子　　　*68*

２）左袵、窄袖　　68

　　３）袴・帯・靴　　68

　　４）笠形冠帽・羽飾　　69

　　５）双髻　　69

　２.『瘝癀千金寶』の病馬絵図、服飾考　　69

　　　　図1.「未の日」祟神の図、図2. 笠形冠帽、図3.「申の日」祟神の図、図4. 騎馬人物　　70

まとめ・考察　　71

注　　72

文献　　73

IV章 『瘝癀千金寶』と陰陽五行理論 ……………………………………………… 75

はじめに

一節　陰陽五行の哲理　　77

　１.　陰陽五行　　77

　（１）相生の理（２）相剋の理（３）五行の配当（４）十干（５）十二支、年

　（６）十二支と月、土用、春秋夏冬（７）十二支と時刻（８）十二支と方位

　（９）十二支象意（10）十干と十二支の結合、結合の法則（11）三合、三合の理

　　　　図5. 五気、四季、方位、十二支、月（旧暦※算用数字）　　78

　　　　図6. 三合の理　　80

　２.五行配当表　　80

二節　『瘝癀千金寶』における五行理論　　80

　１.『瘝癀千金寶』と「五行配当表」　　80

　　　　表7.『瘝癀千金寶』五行配当表　　81

　２.病馬の「十二日方位祟神所在」と五行原理　　81

　　　　表8.『瘝癀千金寶』病馬の「十二日方位祟神所在」と五行原理　　82

　　１)「日による病馬の気」「十二日方位の気」「祟神の気」　　82

　　２）祟神の気は複数　　83

　　３）土気について　　84

　３.『瘝癀千金宝』の病因・対処法と五行原理　　84

　　１）子　２）丑　３）寅　４）卯　５）辰　６）巳

　　７）午　８）未　９）申　10）酉　11）戌　12）亥

三節　五行原理「十二日方位祟神」と日本の地域神　　91

　　1.鬼神　2.土宮神　3.荒神　4.山神　5.水神

おわりに　　93

(IV章　補遺・課題)　「五行配当表」の多様について

　　　　──『瘝癀千金寶』と「五行配当表」──　　93

注　　95

文献　　95

Ⅴ章　地域の馬と馬療・宗教・歴史社会、そして『癘癘千金寶』由来 …… 97

はじめに

一節　馬・馬療の歴史、観世音信仰および『癘癘千金寶』　99

　　1．近世における「観音堂祭」と馬の観音堂参詣・加持祈禱　99

　　　　地図2．主な「観音堂」と所在地　99

　　1）矢の堂観音祭　100

　　　　写真1.矢野堂観音祭にて大般若経六百巻の転読　101

　　　　写真2.加持祈禱を受ける馬　101

　　　　写真3.馬の御札（左向お守札、右向お守札）　101

　　2）鎧堂観音祭　101

　　　　写真4.孤月山浄光寺鎧堂観音祭　103

　　　　写真5.奉納絵馬「西組馬喰講中　寛政七年」　103

　　　　写真6.お札「甲斐国浄光寺」「転読大般若経六百軸諸縁」「三宝大荒神」　103

　　　　馬のお札（左右あり）、牛のお札（左右）　103

　　3）御安堂観音祭　104

　　　　写真7.御安観音堂　105

　　　　写真8.御安観世音菩薩　105

　　4）岩屋堂観音祭　105

　　　　写真9.岩屋堂観音　106

　　　　写真10.岩屋堂観音　106

　　　　写真11.洞窟の傍らに立つ参籠堂大悲窟　106

　　　　写真12.岩屋堂内の如意輪観世音菩薩と脇侍　106

　　2．近世における馬頭観音建立と馬の守護・慰霊・供養　107

　　1）北巨摩郡の馬頭観音、1700年代以降に建立　107

　　2）馬頭観音信仰（守護・慰霊・供養）のはじまり　108

　　3．戦国時代の馬と観音堂、そして近世以降の馬と観音堂祭り　108

　　　　写真13.佐久道、泉福寺・御安観音堂の跡地　109

　　　　写真14.写真15.石塔「南無阿弥陀仏　弓箭死霊」拡大「弓箭死霊」の文字　109

　　　　表9.甲州・北巨摩郡（現山梨県北杜市）における主な「観音堂祭」一覧　110

二節　天台・真言宗、修験道および『癘癘千金寶』　112

　　1．圧倒的に多い北巨摩郡の修験院　112

　　2．『癘癘千金寶』と八ヶ岳修験道―小淵沢村と樫山村　113

　　1）『癘癘千金寶』（「本文」）に見られる八ヶ岳修験道　113

　　2）八ヶ岳修験道と真鏡寺、小淵沢村　樫山村　114

　　3）樫山村と小淵沢村は八ヶ岳修験道圏　114

　　3．天台宗・真言宗・修験道、甲州と武州の交流　115

三節　『癘癘千金寶』と『馬の写本』　116

1．近世文書に見る甲州と武州の往来と馬・馬療　　116

　　1）古代から近世へ、甲州と武州の盛んな往来　　116

　　2）馬療の「血とり」は戦国武田氏の時代にも行われていた　　117

　　3）『癘癩千金寶』に「血取り」の記載は無いが

　　　　　　　　「針すべし」は「血取り」でもある　　118

2．『癘癩千金寶』甲州逸見と『馬の写本』武州廳鼻和の接点　　118

　　1）「古河僧正（王・子・孫）武州廳鼻和住安西某」は

　　　　　　　　廳鼻和上杉氏の馬医である　　118

　　2）廳鼻和郷は古代より馬と交通の要所であった　　119

　　　　　写真 16．武州廳鼻和に在る国済寺　　120

　　　　　写真 17．国済寺の境内に建つ「廳鼻和城址」の標識　　120

　　　　　写真 18．国済寺門前を通る中仙道　　120

　　3）寺を通して逸見武田氏と廳鼻和上杉氏の接点　　120

3．元本「癘癩千金寶（仮称）」は 15 ～ 16 世紀に存在した、起源は鎌倉時代　　121

四節　戦国武田氏と馬、馬療と宗教　　122

　1．戦国武田氏と「矢の堂観音」　　122

　　1）「矢の堂別当昌久寺」　　122

　　2）天沢寺廃寺と「矢野堂別當昌久寺」の伝承、歴史　　122

　　　　　写真 19．昌久寺　　123

　　　　　写真 20．矢野観音堂　　123

　2．中世武田氏と観音堂、馬頭観音　　123

　　1）観音堂、戦勝祈願と馬の加持祈禱　　123

　　2）戦国武田氏の観音堂、そして近世庶民の観音堂祭　　124

　　　　　写真 21．粟沢観音「百番観世音」石塔　　125

　　　　　写真 22．粟沢観音　石段と石塔群　　125

　　　　　写真 23．奉納絵馬の図　　125

　　　　　写真 24．奉納の木馬と馬頭観音像　　125

　3．戦国武田氏の菩提寺創建と観音堂建立　　125

　4．修験者と馬療書『癘癩千金寶』　　126

　　1）修験道法度と修験者の定住化　　126

　　2）修験院と「ひじり」の出現、病苦の救済や加持祈禱者　　126

　5．『癘癩千金寶』昌久寺版（1700 年代後半に木版）には

　　　　　　　　「元本」が存在した　　127

まとめ　　128

注　　129

文献　　131

VI章（付記）　宿河原の『馬経伝方』と「安西流馬医巻物」……………………133

1．馬医古書の分類、および「安西流馬医術の正統な巻物」A、A ”、B　　135

2．A『安西流馬医巻物（宝永・安西流馬医絵巻)』宝永七年（1710）と
　　　　　宿河原『馬経伝方』嘉永五年（1852）の類似　　135

　1）所在、発見と時代背景　　135

　2）両写本の元本は同一、「馬医術継承」および誤記　　135

3．日本の馬医古書の探索・研究にあたり若干の考察　　136

結　語　　138

おわりに　謝辞　　141

I 章

『癘瘡千金寶』『馬の寫本 (祭事ノ巻)』

はじめに

　馬療書『癘瘡千金寶』との出会いについて、『癘瘡千金寶』の版元である昌久寺と地域
の歴史概要、馬療書・馬医学史の研究展望について（一節）、また、『癘瘡千金寶』と『馬
の寫本』の所在・来歴について（二節）、そして、『癘瘡千金寶』と『馬の寫本』の概要
（三節）、以上を記す。

一節　馬療書『瘍癇千金寳』について

1．『瘍癇千金寳』との出会い、研究経過、目的

　『瘍癇千金寳』は年代不詳の木版刷りの馬療書（ほぼB5判相当30ページほどの冊子本）である。表紙は「馬宇三蔵大士妙傳　瘍癇千金寳　矢野堂別當小淵沢村昌久寺」と記されてある。小淵沢村昌久寺は、現在の山梨県北杜市小淵沢町（旧北巨摩郡小淵沢村）にある（地図1．参照）。また、同北杜市高根町（旧北巨摩郡清里村樫山）では、昭和20年（1945）代まで馬の病気に際し『瘍癇千金寳』が活用されていた。本は「バショウ」と云われ、隣接する長野県南佐久郡の村でも活用されていた[1]。昭和20年代時の樫山の地で、筆者は煤けて真っ黒くなった「バショウ」本と出会い、その中に描かれている馬に跨った鬼や馬に巻きついた蛇・竜など怪奇な絵が印象深く気になっていた。後年、何が書いてあるのか興味をもち古文書の知識を得て解読すると、それは病馬の病因や対処法[2]についてであり、怪奇な絵は病馬が祟神にとり憑かれている図であった。以来、この本の由来や歴史を知りたいと思い地域の人たちに尋ね調べたが不明であった。

　1977年の調査のとき、版元である昌久寺の住職は亡くなっていたが妻（70歳代）は木版のことを知っていた。そのときは、再度訪問の約束をして帰り、そのまま調査は中断していた。そして、2006年に再調査を再開したときには、昌久寺の現住職は全く知らないことだと云い、小淵沢町の歴史・伝承の保存・研究活動を行っている「ふるさと研究会」の老人たちも『瘍癇千金寳』を知らないと云う[3]。現在では旧清里村樫山でもこの本について知る人がいない。往時に活用されていた『瘍癇千金寳』とは、一体どのような由来本なのか、いつの時代に誰によって作られたのか、どのように活用されてきたのかなどについて、本格的調査を開始した。すると、『瘍癇千金寳』が数冊発見され、また、類似の記事が武州の古書中にも発見された。以上のような経過の中で、『瘍癇千金寳』の医世界およびその由来について探索することになった。

2．馬と地域の歴史および小淵沢村昌久寺

　甲斐国、そして北杜市は馬の歴史のある地域である。『日本書紀』『聖徳太子伝暦』『続日本紀』などに[4]「甲斐の黒駒」や「神馬の献上」「甲斐の勇者」のことが記され、平安時代には御牧（勅旨牧）が置かれたことが『延喜式』[5]に記されている。『延喜式』に登場する「甲斐の三御牧」とは真衣野牧（現在の北杜市武川町）穂坂牧（現在の韮崎市穂坂町）小笠原牧（現在の北杜市明野地区）を差し、そして小笠原の牧の内の柏前牧（甲斐国志1814：古跡部第十）の所在については諸説あり、現在の北杜市高根町旧樫山村説、甲府市勝沼町柏尾説、また、小淵沢信濃境辺りとする説もある。[6]戦国時代には「甲斐の騎馬軍団」が活躍した。そして、明治期以降は軍馬や近県一帯の農耕馬の供給地となり、毎年

盛大に「馬の市」も開かれていた（大柴　2010：32, 3）。
　次に『瘍癊千金宝』の版元である矢野堂別當昌久寺について記しておく。昌久寺は曹洞宗で小淵沢村尾根にあり矢の堂と近接位置に在る。天正二年（1574）に始まり慶長五年（1600）に開創、宝永五年（1708）に開山する。矢野堂別當昌久寺といわれるのは、昌久寺が天沢寺廃寺後に矢の堂別当となったことに因る。この天沢寺と矢の堂別当について『大般若経勧化簿（趣意書）』（1820年吉日）では、「天沢寺は甲斐源氏の祖新羅三郎義光が、弘法大師作で矢の堂観世音と呼ばれる像を大津の三井寺[7]より移して建立したといわれ、仁安年中（1166-69）に逸見冠者清光が、殿平に小淵山天沢寺を創建して矢の堂別当とした。そして、戦国期には武田信玄が崇拝し、軍神として信仰していたところ、大門峠の合戦に勝利したため、八ヶ岳の堂平（どうのたいら）に矢の観音を移祀した。武田家滅亡後、荒廃した矢の堂を村民が再び天沢寺に移すが、廃絶したため昌久寺を別当とした」と記されている。
　矢の堂では、恒例として午の日に"矢の堂観音祭"が行われている。

地図1．　山梨県旧北巨摩郡小淵沢村・樫山村の位置

小淵沢村：現在は北杜市小淵沢町
樫山村：現在は北杜市高根町清里
※旧北巨摩郡は平成8年（2006）に消滅する

3．獣医学史の中の『瘍癊千金寶』および『馬の寫本（祭事ノ巻）』

　当地域における馬や馬療に関する古書や調査研究は見当たらず、古い時代は元より近世においても殆ど未知の段階であることが判った[8]。馬療の歴史研究は稀なことであり、現在では『日本獣医学史』（白井恒三郎　1944）以外で本格的研究は見当たらない[9]。
　『日本獣医学史』（白井　1944）では、馬療古書に次の三点が取り上げられていた。一点

は文禄2年（1593）の『馬療治秘伝書』（写本）、二点目は天正17年（1589）の『馬の寫本』（表題欠、仮称『馬の寫本』）、三点目は年代不詳の『癘瘲千金宝』（小淵沢昌久寺版）である。また、『獣医学史』（中村洋吉　1980）も『癘瘲千金宝』を記し前書を引用している。この『癘瘲千金宝』については、藤浪剛一氏（1880-1942）収集の杏雨書屋寄贈本の中にも存在した（収集した年や場所などは不明）。

『癘瘲千金宝』について、『日本獣医学史』（ibid.：1944）のなかでは次のように記されている。「後年、之に類するものに『癘瘲千金寶』と云ふ木版本が年代不明で出ているが、例へば丑の日の病は丑の方の神の祟りである。桃の木を一尺八寸に切て馬の上を三度なでて川へ流し針は百会、寒門にし、灸をするなりと云ふ如くで、学問的には殆ど無価値であるが、しかし斯の如き事が真面目に信じられていた時代を想像すると實に興味が深いのである」（・印は筆者）とのみ記されて結んでいる。

　ところで、今回の調査研究のなかで『癘瘲千金宝』と類似する記事が発見された。それは、『日本獣医学史』（ibid.：1944）において取り上げられている馬療古書（前述）内の『馬の寫本』（天正17年）中に、類似した記事が存在した（本論で取り上げる）。

『癘瘲千金宝』では"祟り・呪い"が記されている。『日本獣医学史』においても云われているように病と祟り・呪いの類は医学・獣医学においては、学問的には殆ど無価値とされ取り上げられないのが一般的である。現代生物医学以前における祟り、呪術や宗教的世界も含む医療 の歴史研究は殆ど見られない。また、馬療に関する民俗調査報告も稀である[10]。

　ここでは、『癘瘲千金宝』（類似する『馬の写本』〈天正17年〉共）について、医世界および馬療書の由来について探索する。まずは『癘瘲千金宝』『馬の写本』の記載・記録事項を基に検討する。そして宗教や馬の歴史・社会へ展開した。

二節　『癘瘲千金寶』『馬の寫本（祭事ノ巻）』来歴概要

『日本獣医学史』（白井　1944）のなかの古書『馬の寫本』中に『癘瘲千金宝』と類似記事が発見された（前述）。因って、両者を共に検討対象とする。以下、整理上『癘瘲千金宝』はＡ、『馬の寫本（祭事ノ巻）』はＢと記していく事にする。2020年現在、Ａは五点（Ａ1．Ａ2．Ａ3．Ａ4．Ａ5.とする）、および類似のＢ一点（Ｂ1.とする）、合計六点を確認している。

　ＡとＢの両者の概要は次の如くである（**表1．参照**）。
1．Ａの所在は甲州・小淵沢村（現在の山梨県北杜市）であり、Ｂの所在は武州・廳鼻和（現在の埼玉県深谷市）である。Ａ、Ｂは、共に馬の歴史のある地域である。
2．Ａ1.2.3.4.は年代不詳、昌久寺版の木版冊子である。Ａ5.は昌久寺版を基に昭和23年に筆字で写本されたものである。
3．Ａの内容と構成は、「本文」「追記」（後述）に分けて見ると、木版の「本文」の後に

表1.『癀癀千金寶』(A)『馬の寫本』(B) の所在および内容一覧

	A1.	A2.	A3.
一．所在	山梨県北杜市高根町清里 （旧樫山村） 大柴元平 (1877-1956) 家蔵本	杏雨書屋 旧乾々斎文庫 藤浪剛一 (1880-1942) 収集寄贈本	麻布大学 附属情報学術センター 白井恒三郎 (1899-1992) 収集寄贈本
二．版元 　　著者・写本者	矢野堂別當昌久	矢野堂別當昌久寺	矢野堂別當昌久寺
三．出版・写本年	不明	不明	不明
四．表題	馬宇三蔵大士妙傳 馬症千金宝 矢野堂別當小淵沢村昌久寺	馬宇三蔵大士妙傳 馬症千金宝 矢野堂別當小淵沢村昌久寺	馬宇三蔵大士妙傳 馬症千金宝 矢野堂別當小淵沢村昌久寺
五．裏表紙 　　三宝印	法主 奉讀誦三蔵馬経屋繁昌祈攸 謹白	無	法主 奉讀誦三蔵馬経屋繁昌祈攸 謹白

　一部木版・活字・筆字の記事が続く。最後に三宝印と「法主　奉讀誦　三蔵経馬屋繁昌祈攸　謹白」と記された裏表紙が在り（A2.A5.は無い）完結する。

4．Bの内容と構成は、多様な系統の馬療記事があり3ヵ所に銘が記されている。この中の3ヵ所目の「祭事ノ巻」の項に、Aと類似の記事が存在する。Bは筆字である。Bには天正17年（1589）の銘がある。

5．AとBに共通類似は「本文」と「追記（一部分）」である。

6．A「本文」は漢字・ひらがな交じり文の木版、Bは漢字・ひらがな交じり文の筆字。

三節　『癀癀千金寶』(A) および『馬の寫本』(B) の構成内容・類似記載

『馬症千金宝』の医世界由来の探索にあたり、まずAと類似のB、それぞれの構成内容を見ておこう。そしてAおよび類似するBのそれぞれの位置を確認して見ておく。

A4.	A5.	B1.
山梨県北杜市郷土資料館	山梨県北杜市郷土資料館 （山梨県北杜市高根町清里 谷口彰男氏、高山孝夫経由）	麻布大学附属情報学術センター 白井恒三郎（1899-1992） 収集寄贈本
矢野堂別當昌久寺	峡北堂小柳 昭和二三年丁亥夏墨七八老	〈1〉皇帝元年撰之　古河僧正王孫 　　武州廳鼻和住　安西弥次郎重久 　　是又九年之相伝也　山田馬之介高家 〈2〉皇帝元年撰之　古河僧正王孫 　　武州廳鼻和住　安西弥次郎 〈3〉渡鳥善蔵　天正十七年正月吉日　※喜？
不明	昭和二三年丁亥夏	天正十七年（1589）
馬宇三蔵大士妙傳 馬症千金宝 矢野堂別當小淵沢村昌久寺	馬宇三蔵大士妙傳 馬症千金宝　全	天正十七年寫『馬の写本』※仮称 ※仮称は収集者、白井恒三郎氏（1899-1992） による
法主 奉讀誦三蔵馬経屋繁昌祈攷 謹白	無	無

１．『癘癧千金寳』（A）の構成と内容

　Aでは（**写真Ⅰ　写真Ⅱ**）、表題（**表1.四**）の次に馬体鍼灸図の絵が在り、次から十二支の順に病馬・祟神の絵と病因および対処法が記される（以上を「**本文**」とする）。「**本文**」は木版である。その後に追加の記述がある（これを「**追記**」とする）。「**追記**」は木版・活版・筆書きなどである。最後に裏表紙（**表1.五**）がある。裏表紙と「**追記**」は無いものも在る。

　Aは「**本文**」の後に新たな知識を「**追記**」して活用していたことが看取される。

２．『馬の寫本』（B）の構成と内容（文中の下線は筆者による）

　Bでは（**写真Ⅲ.**）、3系統（3ヵ所に銘がある）の写本を集合したと見られる構成になっている。最初の一つ目は五輪砕図、土用、夏、土用、秋、土用、冬、土用、熱・寒の記載。以上の後に <u>皇帝元年撰之　古河僧正王孫廳鼻和住安西弥次郎重久　是又五年之相伝也</u> <u>山田馬之介　高家</u> とある（以上、**表1.B1.〈1〉**）。二つ目は五輪砕〈五行配当表、蓮の花、五色の梵字、五輪塔、仏の顔、馬体・経穴図、馬の解剖腹面図、馬の部分図と馬体外貌図〉、同調子出返秘密　1□調子ノ反之事　1東虚空蔵　南観音　西文殊菩薩　北地蔵

表1.『癘瘲千金寶』(A)『馬の寫本』(B) の所在および内容一覧〈続き〉

	A1.	A2.	A3.
六．内容・構成 「本文」「追記」	「本文」 1．馬体、鍼灸経穴図 2．十二支病馬絵図・病因・ 　対処法	「本文」 1．馬体、鍼灸経穴図 2．十二支病馬絵図・病因・ 　対処法 　　　（以上、木版）　完	「本文」 1．馬体、鍼灸経穴図 2．十二支病馬絵図・病因・ 　対処法
※「追記」の項目 　イ、ロ、ハ、ニ、ホ、 　ヘ、ト、チ、リ、ヌ、 　は著者に因る。	「追記」 イ、善悪不嫌馬ヲ付ル時分ニ日 ロ、光明真言 ハ、馬宇三蔵法経 ニ、三蔵神呪 （一．〜六．の以上、木版）		「追記」 イ、善悪不嫌馬ヲ付ル時分ニ日 ロ、光明真言 ハ、馬宇三蔵法経 ニ、三蔵神呪 （一．〜六．の以上、木版）完
	ホ、大日如来 ヘ、矢の堂観世音 ト、牛馬屋祈禱（後にご詠歌） **チ、祭事巻①②③④，⑥** **（内容は表2．参照）** リ、長病日鍼灸並薬服用無用 ヌ、馬ノ性ヲ知ル事 　　　　　（以上、活版）		
	病馬 馬録 占 　　　（以上、墨筆字）完		

中央不動明王。以上の後に、<u>皇帝元年撰之　古河僧正王孫廳鼻和住安西弥次郎</u> とある（以上、**表1.B**1.〈2〉）。三つは馬惣針之次第　・馬之血灸之次第　・五臓の血のおもき事。この後に、<u>渡鳥善蔵　天正拾七年正月吉日</u>とあり、つづいて、同字体で（※以下の記載も、渡鳥善蔵　天正拾七年正月吉日とみなされる）○安騎鍼灸図第三　○灸書奥書〈始皇帝白楽天　鷹図と北向の文字など〉○金伝書〈伯楽口傳□文　第一肝臓病図　第二心之臓之病之図　第三脾之臓病図　第四肺之臓病図　第五腎之臓病図　<u>急々如律令の呪文・魂魄之針</u>〉　○祭事ノ巻〈①馬ヲ内エ入外可出吉日之事　②本命日此日病仕ハ死也　③一ヶ月ニ一日血忌之事　四節忌血之事　④四節馬ヲ臥ル之方如斯調不存越事也　⑤不□善悪日臥時文日。この後に「<u>本文</u>」（子ノ日病馬から亥日病馬まで記されている）。⑥四季トモニ如此〆飼之事（1頁分　①〜⑥の番号は整理上筆者による）。**右□□大変此書□□約□□也**（以上、**表1.B**1.〈3〉）。以上で終わる。

　Bにおける「古河僧正王孫　武州廳鼻和住安西弥次郎重久」の銘のある箇所（**表1.B**1.〈1〉〈2〉）は安西流馬医術の正当な絵巻に属するものである[11]。「祭事ノ巻」（**表1.B**1.〈3〉）は安西流馬医書とは異なる。このようにBは複数の元本から写本した集成本と分か

A4.	A5.	B1.
「本文」 1．馬体、鍼灸経穴図 2．十二支病馬絵図・病因・ 　　対処法	「本文」 1．馬体、鍼灸経穴図 2．十二支病馬絵図・病因・ 　　対処法	「本文」 1．無 2．十二支病馬絵図・病因・ 　　対処法 ※チ、「**祭事ノ巻**」に記載
「追記」 イ、善悪不嫌馬ヲ付ル時分ニ日 ロ、光明真言 ハ、馬宇三蔵法経 ニ、三蔵神呪 （一．～六．の以上、木版）完	「追記」 イ、善悪不嫌馬ヲ付ル時分ニ日 ロ、光明真言 ハ、馬宇三蔵法経 ニ、三蔵神呪 （一．～六．の以上、墨筆字） ○七観音真言 如意輪観世音、十一面観世音 準胝観世音、白衣観世音 千手観世音、正観世音、 馬頭観世音 ※各観世音には真言が記され ているが真言は略す ※以上は記されているまま ●印は筆者による 　　　　（以上、墨筆字）　完	「追記」 イ、ロ、ハ、ニ、ホ、ヘ、ト、リ、ヌ、は無。 チ、「**祭事ノ巻**」の項目中に ①②③④⑤、「**本文**」、⑥が記されている 　　　　　（内容は**表2.**参照） 　　　　　（以上、墨筆字）　完

る。「祭事ノ巻」（表1．B 1．〈3〉）の中においても、異なる元本からの写本集成と見られる。

3．AとBの類似記載（「本文」「追記」）について

『瘄瘒千金宝』（A）および『馬の写本（祭事ノ巻）』（B）の中で両者に類似記事は「本文」と「追記（一部分）」である。（A）は一冊子本である。記載順は「本文」の後に「追記」がつづき、「本文」を入手の後に「追記」を加えて活用し続けてきたものと思われる。一方（B）は複数の馬医書からの写本集成本であり、この中の「祭事ノ巻」の項にAと類似記載が存在する。（表1．〈3〉）そして、「祭事ノ巻」のなかで「本文」「追記」箇所は一括しているが、その記載順は前後している（**表2.**参照）。

写真Ⅰ. 『癰癆千金方』（表Ⅰ．A1．） 山梨県北杜市高根町清里旧樫山村 大柴元平（1877-1956）家蔵本	写真Ⅱ. 『癰癆千金方』（表Ⅰ．A2．） 杏雨書屋旧乾々斎文庫所蔵 藤浪剛一（1880-1942）収集寄贈本	写真Ⅲ. 『馬の写本』（表Ⅰ．B1．） 麻布大学附属情報学術センター所蔵 白井恒三郎（1899-1992）収集寄贈本
	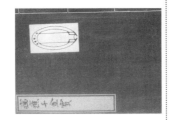	 ※写真は ・表紙最初頁 ・銘の在る頁三カ所 ・「祭事ノ巻」以上のみ
表紙	表紙	表紙
馬経穴図 (1) 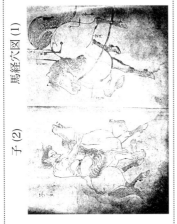 子 (2)	(1)  子 (2)	『馬の写本』最初の頁 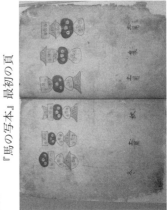

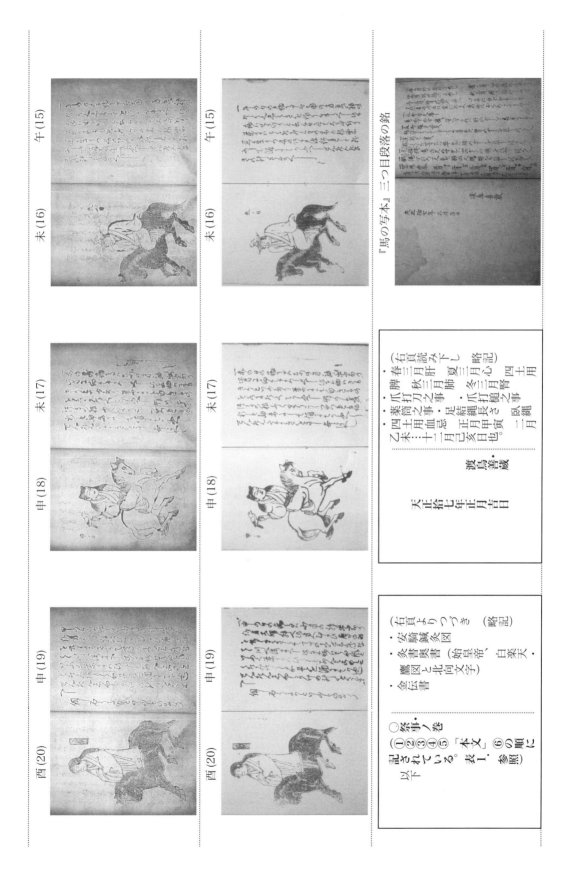

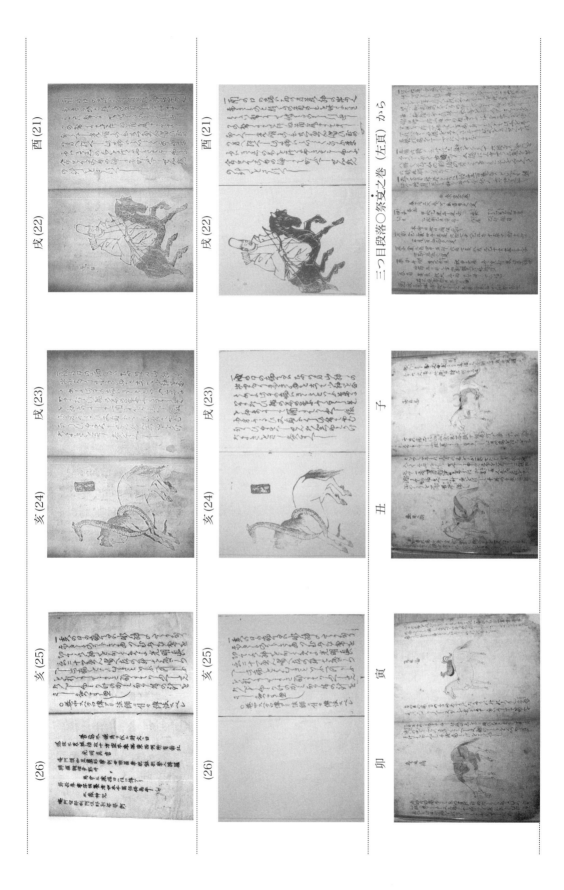

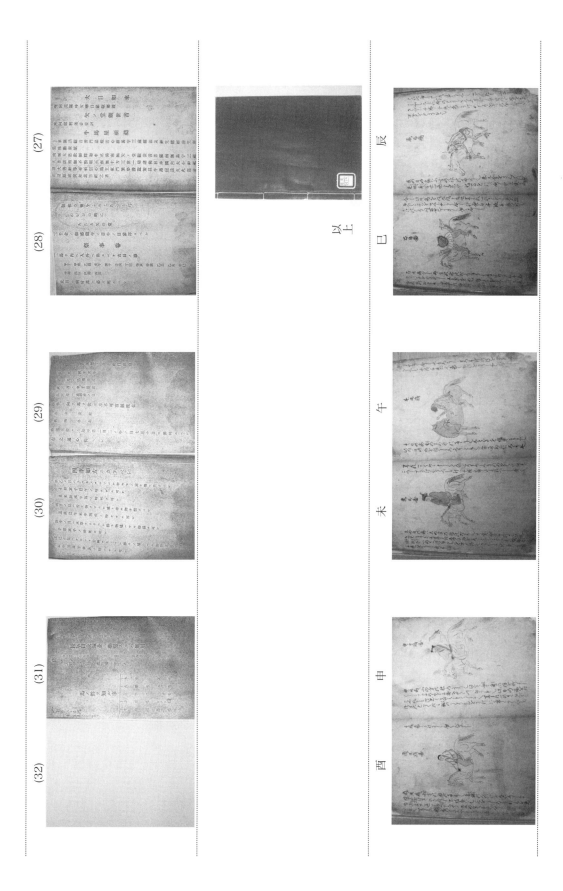

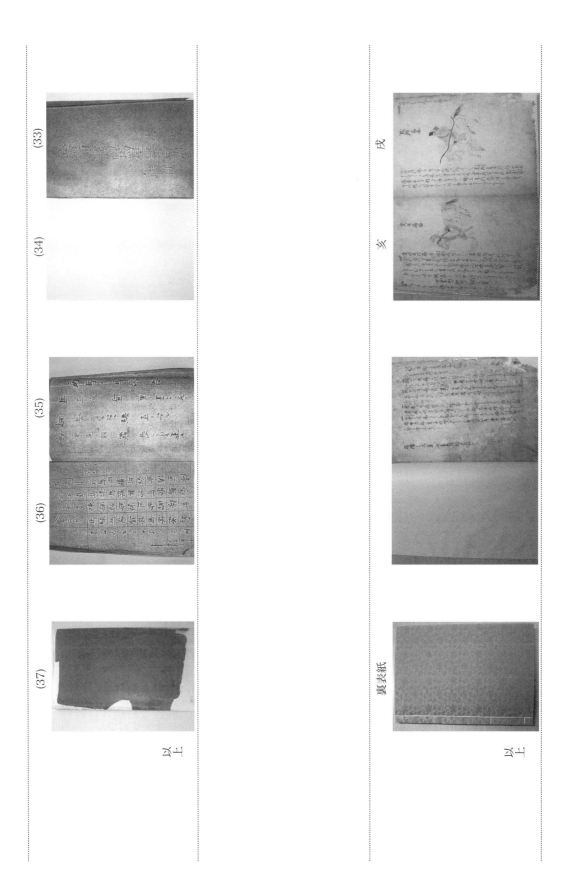

おわりに

　現在、確認されている馬療書『癘癙千金寶』5点とそれに類似する『馬の寫本（祭事ノ巻）』1点の合計6点について、来歴・内容を整理し明示した。両書はある時代（Aは年代不詳、Bは「天正拾七年」の銘が在る）、地域で活用されていた馬療書である。両書に共通の類似記事が見出されたことで、両書の構成内容と類似箇所（「本文」「追記」の箇所）の位置を明示した。これにより、共通の類似記事の「本文」「追記」を取り上げ検討していくこととする。まず、「本文」、「追記」の解読作業から見ていく。

注

1）昭和11年調査の「甲州清里村覚書」（笹村　1943）の中で、旧樫山村の老人が「馬の病気をバショウと云う本に頼って治した」と語り、また、樫山村と隣接する信州南牧村広瀬の老人が「馬の病はバショウをみたててなおそうとした」と語っている。昭和20年代までは、馬の病気に際し大柴元平家蔵の「バショウ」本を借りに来た人たちがいた。また、村の中において倒した病馬に水（酒）を与えた場面も見た。

2）対処法は、加持祈禱・祓い・呪い、本草、鍼灸など含む病馬の治療を言う。

3）2007.5月の矢の堂観音祭調査で「ふるさと研究会」の浅川健圃氏と面談した折に、氏から「馬症千金宝」を見たいと言われ、後日コピーを送付することになった。氏は「研究会・老人会」の人たちに「馬症千金宝」のコピーを配布し会のメンバーが中心になって調査し、また蔵などに眠っていないか探し出すことになったということであった。その後、情報がないが、別の経路で2011年以降2021年現在までに新たに2冊を確認した。

4）『日本書紀』（720成立）巻第14　雄略天皇13年（468）9月の条に「甲斐の国駒」、天武天皇元年（672）7月の条に、「甲斐の勇者」の記事がある。『聖徳太子伝暦』（917撰進）推古天皇6年（598）の条に「四月、太子命左右、求善馬、幷符諸国令貢。甲斐国貢烏駒脚白者。数百疋中、太子指此馬日。是神馬也。」の記述がある。『続日本紀』（797撰進）巻第11　聖武天皇天平3年（731）12月2日の条に「甲斐国、神馬ヲ献ズ、黒身ニシテ白キ髦尾アリ」の記述がある。

5）『延喜式』（927完成）第48巻に「御牧甲斐国　柏前牧　眞衣野牧　穂坂牧」の記述がある。

6）「柏前牧・樫山説疑問」について、近年では現地の地理的および歴史経過の検討による論考が注目される（安達　満：2020年　『郷土高根』37号）。

7）三井寺（園城寺とも云う）の周辺に住んで新羅三郎と称し、新羅明神の前で元服したので新羅三郎と号した（日本史大事典　平凡社481頁、『園城寺』27号）。『壒嚢鈔』（正宗　1936:505-507）でも三井寺縁起と武田の祖義光（源氏）と百済、新羅、仏教の繋がりが記されている。

8）現在のところ山梨県立博物館および図書館にある馬に関する古書では、年代不詳の『馬医書』（甲西町市川家文書）1冊と明治期の『馬療新論』（中欽哉譯述　陸軍兵学校）の2冊が在るのみ。その後では、北巨摩郡の「馬の治療道具『ササバリ』」（羽毛田智幸『民具マンスリー』vol.36.11）、「武州伊那村石川家蔵中日記」を分析した「19世紀の馬療治記録」（『日本獣医学雑誌24号』）、また、隣県

信州の木曾や伊那地方の報告（『日本獣医学雑誌18号』、『伊那路17の1』）などある。

9）松尾信一「獣医学関係図書の歴史：東西古書・古資料の管見」（1995）「日本馬病史―古代より幕末・維新前後まで―」（2005）、濱學「獣医学古書の系譜の研究序論」（1993）により研究展望を得た。獣医学史研究者・松尾信一先生から「白井先生以外で本式にこの研究をした人はいない、この関係の古書調査・研究は未開拓で判っていないことが多い」など御教授をいただいた（2007年）。

10）「医学史の内容中最も重要なものは医学的知識の歴史であり、医学史は文化史の一部に属するもの」（富士川游　1904）。医学・獣医学の分野でこのような視点に立った研究は稀である。

11）馬医古書・絵巻の分類・整理が行われ（松尾・村井：1996：299）、「安西流馬医術の正当な巻物は、粉河（古河）僧正と安西播磨守の銘の在るものである」としている。

文献（刊行順）

・　　　　　　　　1820『大般若経勧化簿』甲陽巨摩郡小淵沢尾根村
・富士川　游　1904『日本医学史』裳華房
・山梨教育会北巨摩支会編纂兼発行　1915『北巨摩郡誌』
・正宗敦夫編・日本古典全集刊行会　1936『墻嚢鈔』
・笹村草家人　1943「甲州清里村覚書」『民間伝承』9-6.7
・白井恒三郎　1944『日本獣医学史』文永堂
・『日本獣医史学雑誌』創刊号（1972）～第30号（1993）
・中村七三編　1980『稱徳館所蔵　馬の古書文献目録』稱徳館
・中村洋吉　1980『獣医学史』養賢堂
・高根町編　1990『高根町誌　上巻』高根町
・長野県南佐久郡誌編纂委員会　1991『南佐久郡誌・民俗編』郡誌刊行会
・濱　學　1993「獣医学古書の系譜の研究序論」『日本獣医史学雑誌』29
・磯貝正義　1995「甲斐の御牧」高橋富雄編『馬の文化叢書2』馬事文化財団
・松尾信一　1995「獣医学関係図書の歴史：東西古書・古資料の管見」『日本獣医史学雑誌』32.
・松尾信一・村井秀夫　1996「安西播磨守著『安西流馬医絵巻』宝永七年の解題」『日本農書全集60　畜産・獣医』農山漁村文化協会
・佐藤八郎校訂　1998『大日本地誌大系　甲斐国志』雄山閣
・松尾信一　2005「日本馬病史―古代より幕末・維新前後まで―」『日本獣医史学雑誌』
・小淵沢町誌編纂委員会編　2006『小淵沢町誌　閉町記念』小淵沢町
・安達　満　2020「柏前牧の位置を考える―『甲斐国志』の樫山説に疑問―」『郷土高根』第37号

II章

『癩癘千金寶』『馬の寫本（祭事ノ巻）』の解読および課題

はじめに

『癩癘千金宝』『馬の写本（祭事ノ巻）』（「本文」「追記」）の解読を行い、考察、課題を記す。一節では「本文」について、二節では「追記」について見ていく。そして、三節では「祭事ノ巻」について触れる。（原文は、I章　写真 I．写真 II．写真 III．）。

一節 『瘑瘝千金寶』『馬の寫本（祭事ノ巻）』の「本文」解読および考察

1．凡例

（1）A. は『瘑瘝千金宝』を、B. は『馬の写本（祭事ノ巻）』を示す。

　　　B. の解読文中で太字は A. と異なる部分の記載を示す。

（2）判読しにくい変体仮名、異体字は現行に準じて記した。

（3）カタカナのルビは原文のまま、ひらがなのルビは筆者による。

（4）文中の（　）内は筆者による注・補足である。

（5）本文中の区切りを分かり易くするために空白を挿入した。また病名は<u>下線</u>を記した。

（6）欠損、あるいは判読不可の文字は□を記した。また、不明瞭な文字文は☐ を記した。

2．「本文」解読

表紙・表題

A.　馬宇三蔵大士妙傳

　　　　瘑瘝千金寶

　　　　　　矢野堂別當

　　　　　　　小淵沢村昌久寺

B.　なし

初頁、見開き

A.　（右頁）馬体経穴位置図

　　　　　鍼穴名：せんだん、志ゆみ、百會、雲門、たまき、かみなり

　　　（左頁）子の日の病馬絵図（次頁から文言、以下続く）。

B.　A.（右頁に該当する事項は無し）。

　　　（左頁は「祭事ノ巻」と記載され、子の日から亥の日までの病馬絵図と文言が続く）。

子

A.　一　子の日の病は土宮神の祟りなり　米壱合紙一枚竹にはさみて東に向て心経一
　　巻奉誦なり　此日の病は<u>ちほたち</u>といふなり　薬にはまゆみの木を手一束に七把切て
　　水に入て一升になる様にせんじて塩皿に二盃くはへ（加え）て一度に七はい（盃）か
　　ふべし　干せうが一両目　人参二分　是を細末にして酒にてかふ（飼う）べし　針す
　　べし　鬼神の祟りなり

B.　子の日の病は□**山宗**（ヤマノカミマツル）　米壱合紙**十枚表**（シデ）竹にはさみて東に向て□□**すべし**心経一巻よ

Ⅱ章　『瘑瘝千金寶』『馬の寫本（祭事ノ巻）』の解読および課題　　　31

みて奉べし　此日の病はちほたちといふべし　薬にはまゆみの木を手一束（に）七把
切り水三升入して一升になる様にせんじさまして志を（塩）を一□たし二銭加へて
一度七筒飼ふべし　薬には干姜一匁　これを未〆酒にてかふべし　針灸すべし　千段
の千巻須弥陰のはりを可指　鬼神除之

丑

A.　丑の日の病てふは（というのは）丑の方の神祟なり　桃の木を一尺八寸に切て弓に
して上下へはた（旗）を付せ彼馬の上を三度なぜ川へ流すべし　此の日の病はひたな
りといふ　薬には蛇いちご　おもと　人志ん（人参）煎麥（いりこ）に合わせてよき
酒ませ（まぜ）二盃づつ一度に五はいづつかふべし　針は百會（会）雲門志ゆみかけ
針をさし灸すべし

B.　丑の日の病は丑の方の神祟之　桃の木を一尺八寸にきりて弓の上下に旗を付て彼馬
のうへを三度なぜ川へ流すべし　此の日の病はひたなりと云之　薬には一へびいちご
一□蔞苦辛各等分　右合せてよき酒にてせんて一度に五はい（盃）づつかふべし　さ
し針は百會（会）雲門志ゆみの針をさし灸すべし　此たたりの神社□□□□

寅

A.　寅の日の病馬は弖の方神たたりなり　赤きものを水に入かふべし　また紙を赤そ
めにしてへび（蛇）に作り馬の上を三度なでて玉女の方へ撫べし　此病ひははとひる
といふなり　薬には開の毛をふちの先にてかふべし　又鯉の頭を黒やきにして酒にて
かふべし　せんだん志ゆみとかけの針をさすべし

B.　弖の日の病は弖のあたりの神のまつり之　赤きものを水に入かふべし　また紙を赤
そめにしてへびにして馬の上を三度玉女の方へ撫べし　此病の名をば□□ひると云べ
し　薬には□門の毛をふりのさき之かうべし　又鯉のかしらをくろやきにしてさけに
てかふべし　千段志ゆみとかけの針をさすべし

卯

A.　卯の日の病は東の方神祟にて東の方へ向て心経三巻誦しありがたく礼拝して　か
の馬をひき　むかうに立てるべし　此の日の病はこつはらといふ之　薬には兎の毛を
灰にやき水にてかふべし　□どくだみ、ふなわら　柳の葉　同量を酒にてせんじ塩を
そえてかうべし　せんだんしゅみかけ針をさし灸すべし

B.　卯の日の病をば東の方神のたたり之　東に向って馬心経三巻よみて又三拝して　彼
馬を東にひきむけ□立べし　此の日の病はこくまくと云之　薬（に）は　□の毛を
はい（灰）に屋き（焼）て水にてかうべし　一どくだみ　ふなわら　水　之かうべし
志だれ柳の葉　是もく王へて（加て）さけにてせんじ塩をそえてかうべし　千段ノ千
巻志ゆみの針さすべし　また百會をもさすべし

辰

A.　辰の日の病馬は北の方の神のたたりなり　米三合ひねりにして光明真言廿一へん
　　唱ひ　かの馬を玄関へまわしうつべし　此病は<u>大風</u>といふなり　薬には葱の白根　お
　　んばこ是をせんじてかふべし　針と灸をすべし　せんだん針としゅみかけ百會をし灸
　　すべし

B.　辰の日の病（馬）は北の方の神のたたりなり　米三合を**さんさんにして**光明真言廿
　　一へん**となへて**　**彼馬を引廻して三度うつべし**　此病**をば**<u>大風</u>といふなり　薬には
　　一ひとの毛　志ろ弥　おんばこ　是をせんじてかふべし　針（と）灸に　**千段千巻志**
　　ゆみかけはり同百會をもさし屋く（焼）べし

巳

A.　巳の日の病馬は西の方の神祟りなり　此方にあるを[か]に馬を引回し志とぎ五つ作
　　りなるべし　此馬の病は<u>くすを</u>といふなり　薬にはへびのもぬけを灰にやき酒にてか
　　ふべし　せんだんたまき志ゆみかけの針をさして灸すべし

B.　巳の日の**病をば**西の方の神祟りなり　此方に**あらんする**つかに馬を引回し　志とぎ
　　を五つ作りて奉るべし　此日の病をは<u>くすを</u>と**云之**　薬にはへびのもぬけ□□□に
　　てよき酒にてかふべし　**又りろうし　まろすげの毛をよき酒にてかうべし　千段千巻**
　　又志ゆみかげをさしやく（焼）べし

午

A.　午の日の病馬は南の方荒神のたたりなり　志とぎを作り奉るべし　此の病は　[せ
　　かいり]という　三日過て大事あり　薬にはどくだみ　くわの木の根　栗　黒豆　うつ
　　木のあま皮　いずれも粉にして酒にてかふべし　せんだんたまきの針さすべし

B.　午の日の病（馬）南の方の（荒）神のたたりなり　志とぎを作り奉るべし　**此内の**
　　日の病をば　[うしろくり]**という**　三日**へぬれば大事也**　薬には　**一**どくだみ　**□□□**
　　□□　くろまめ　うつ木のあま**はだ（肌）**　**何連もこ（粉）にしてさけ（酒）にてか**
　　ふべし　針は**千段たまきさすべし灸之**

未

A.　未の日の病馬は東の方の神祟なり　此方に向てまつるべし　此の病は<u>きもきり</u>と
　　いふなり　薬には白きものを水にそえてかふべし　鴨の毛、えびつるの根　ふく里う
　　[　　　　　　]こしついつ連も何れ毛細末にして酒にてかふべし　せんだんたまきをさし
　　灸すべし

B.　未の日の病（馬）は東の方の神祟なり　此方に向てまつるべし　**此の日をばきもき**
　　りと**云**　薬には**志ろき物を水にたてかうべし**　一鴨海老根　茯苓　いのこづち　是を
　　末メ□之かふべし　針灸は**千段千巻をさし灸する之**

Ⅱ章　『癘瘄千金寶』『馬の寫本（祭事ノ巻）』の解読および課題　　33

申

A．　申の日の病馬は北方の神祟なり　諏訪大明神の此方へむかひ鷹の羽を竹にはさみ
て馬の上を三度なぜて川へ流すべし　此病馬ははや風といふ之　薬には　ひるもとお
んばこのみ（実）どくだみ　あらるか是を酒にてかふべし　せんだんしゅみかけ針の
針をさすべし　但し石うるかといふものあり

B．　申の日の病（馬）は北方の神祟なり　**此方ニ向て鷹の羽を作り竹にはさみて馬の上
を三度なぜて川へ流すべし　此日の病をばはや風といふなり　□□も留まらずはしる
之　薬には一ひるもとおんばこのみ　つるの毛　どくだみ　鮎のうるり　是を酒に□
□□かふべし　せんだんしゅみかけ針さし屋く（焼）べし　但し石うるかといふもの
あり**

酉

A．　酉の日の病は西の方荒神の祟之（なり）　赤きものと雉子の首の毛を竹にはさみて
御幣にして彼馬のはら引廻しこの幣にて背骨首尻までまじなうべし　光明真言廿一へ
ん唱へ玉めの方へ捨つべし　此病はういこくとい　薬にはき志の木（毛？）を炭にや
きて　こしょうに合せてこぶの酒にてかふべし　せんだんの針をさすべし

B．　酉の日の病（馬）は西の方の荒神の祟りなり　**赤鶏の首をへい（幣）にしるし
彼馬を此方へひき廻して□□□□上をうしろよりかしりを　光明真言廿一へんとなへ
てなでて玉女の方へすつべし　此病は□□□□（らいら　□）と云之　薬には鶏の毛
のはい（灰）にやき（焼）たるをこ志ゆう（こしょう）をくわへて　こぶの□□□□
かふべし　千段をさし屋く之**

戌

A．　戌の日の病馬は東の方山神の祟なり　赤き物を立て山神をなだめよ　此馬の病は
きくもといふ　薬には　またたび　桃の木の葉　ぶくりゅう　是を細末にして酒にて
かふべし　俄かに身ぶるい又身にくらひついてやむなり　ひやすべし　せんだん志ゆ
みの針たまきをさし灸すべし

B．　戌の日の病（馬）は東の方山神の祟なり　**赤き物を奉り山神をなだめるべし　此日
の病をばきもきりと云之　薬には　一またたび　李木の皮　茯苓　是を粉にして酒
にてかふべし　俄かに身にくらひつきて　おきふしの□之　ひやすべし　千段たまき
をさしやくべし**

亥

A．　亥の日の病馬は水神のたたりなり　赤きものからき物いむ（忌む）五色紙を切て水
神をなだめよ　光明真言廿一へん唱へ左の耳を七度うつべし　此病をはむきといふ
べ川かふ（鼈甲）を粉にしてよき酢にてかふべし　せんだんしゅみの針□□□□□□
□針をさし灸すべし

B.　亥の日の病（馬）は水神のたたりなり　赤物を水にたてて五色のへい（幣）を奉り
水神をなだめ**可申之**　咒ニ曰（イハク）　□□□□□□□奉り　是を左の耳へ七へんとなへ
入べし　此病を<u>はむき</u>と云之　薬には□□□□を粉にしてよきす（酢）にてかふべし
又千段志ゆみの針**中**つきをさしてやく（燒）事

 A.　○巻中スベテ口傳アリ法師ニ付テ傳法スベシ
 B.　※上記の文言はなし。以下の「追記」事項がつづく。
  四季（シキ）□（トモ）ニ如此〆飼（カウ）之事（a.b.c.d.e. の事項）
  右□之大変此書巻ニ納置也。（表2. B ⑥参照）

３．「本文」の解読結果、考察

１）木版と筆書き写本

 A「本文」は漢字平仮名交じり文である。A「本文」は漢文（原著本）を和訳にしたもので、それを木版したものである。現存の４冊（A1.A2.A3.A4.）は同一木版印刷によると見られる。

 一方、BはAと同様に漢字平仮名交じり文であるが、筆書き写本である。

２）曖昧・不明瞭な記載箇所が共通している

 例えば、

   丑：A.　おもと、人志ん、灸米
     B.　□婁苦辛各等分
   寅：A.　開の毛をふちの先にてかふべし
     B.　□門（ギョクモン）の宅をふりのさき<u>之（ケ）</u>かうべし
   卯：A.　此の日の病は こつはら 不明
     B.　 こくまく とも読めるが不明
   午：A.　此の病は せかいり 不明
     B.　 うしろくり 不明
   酉：A.　此病は ういこく 不明
     B.　不明瞭－ □□□□（らいら　□）不明

 不明瞭な記載箇所がA.B.共通していることは、恐らく漢文（原著本）から翻訳写本する段階で難解な箇所が不明瞭・不可解な状態で記されたためと推察される。もしかして、A（木版）からB（筆字）写本が行われたとすれば、Aの不明瞭・不可解な記載がBに引き継がれていることも考えられるが現時点では不明。

３）A、Bそれぞれの地域性が見える

 例えば、「辰の日」のAでは「米三合ひねりにして」とあり、Bでは「米三合をさんさんにして」とある。「申の日」のAでは「諏訪大明神」があり、Bにはない。「酉の日」のAでは「雉子（キジ）の首の毛」、Bでは「赤鶏（アカニワトリ）の首・毛」とある。これについては、Aの地域は諏訪大明神の信仰圏にあり、また雉子（きじ）は馴染みの山鳥である。一方、

Bの武州は諏訪大明神の圏外で、また赤鶏（アカニワトリ）に馴染みのある地域。Aの「ひねり」、Bの「さんさん」はそれぞれの地域の方言である。この事から、写本の著者は地域の出身者・理解者であり、地域の需要に呼応した結果とみられる。つまり、Aの写本者は甲州A地域の者であり、Bの写本者は武州B地域の者とみられる。なお、AとBの写本時には、それぞれ同一の『癘瘢千金宝』元本が存在していたことが考えられる。

4）病因は「神の祟り」

馬の病因は祟神としている。安西流馬医学の病因が五行の乱れ（五輪砕）とする観念とは異なる。

5）対処法は加持祈禱が主要になる

対処法は、加持祈禱および、本草、灸、鍼である。
安西流馬医古書には主要な加持祈禱は見られない。

6）元は口伝であった

Aの文末「巻中スベテ口傳アリ法師ニ付テ傳法スベシ」から「本文」は口傳であった。つまり、木版された『馬症千金宝』「本文」は口傳から書き写した「元本」に由来していることが考えられる。

二節　『癘瘢千金寶』『馬の寫本（祭事ノ巻)』の「追記」解読および考察

1．「追記」解読

「追記」事項の解読は一覧に示す（**表2.原文は写真Ⅰ．写真Ⅱ．写真Ⅲ.**）。
ここで、「祭事」の事項についてみたとき、A．は「本文」後の、「追記」事項中に「祭事巻」が記されている。一方のB．は「祭事ノ巻」の項目中に「本文」「追記」共に記されている。

2．「追記」解読結果、考察
1）A．B．の事項から看取されること
A「本文」の後に、「追記」事項のイ、ロ、ハ、ニ、ホ、ヘ、ト、チ、リ、ヌ、が続く（イ、〜ヌ、は筆者による項目記号である。**表1.参照**）。「追記」の字体は木版、活版、筆字の順に記されている。Aの「本文」につづく「追記」の構成や字体から見て版行順は次のようになるだろう。

（1）A1.A3.A4.は、「本文」の後にイ、ロ、ハ、ニ、の「追記」および裏表紙（**表1.五**）を付けて木版されたものである。

（2）A1.は上記（1）の後に、ホ、〜ヌ、の「追記」事項を順次加えながら活用されていたものである。ホ、〜ヌ、は活版、その後の「病馬　馬録　占」は筆字である（**表1.**）。

（3）A2.A4.は、実用されないものが収集されたものである。

（4）A5.は地域から馬が消える頃の昭和23年に筆書き写本されたものである。

Bには、イ、～ト、の祈禱文とリ、ヌ、は無い。チ、の中に「本文」が記されている（**表2.参照**）。Bは「本文」「追記」共に筆書きである（**表1.**）。Bの「祭事ノ巻」（『馬の写本』の三段落目）は字体からみて同一人による写本と見られる。

２）知識の曖昧・誤記載

「追記」の中で、チ、を見たとき（**表2.参照**）、A、Bともに五行理論の誤記載と知識の曖昧さが目立つ。例えば、列記すると、

（１）干支の順が違って記されている。A 1.⑥では c. 戊己、d. 庚辛を c.d. 逆に記されている。

（２）B. に記載が無いものは、①では乙酉の酉が無、辛卯の辛が無。③では一正子（※一月子の意味）以下、十二子までの記載が無い。四節忌血之事では春の申、夏の戌、秋の寅のそれぞれの記載が無い、など。Aにおいても欠如は、⑥ c. 戊巳では、" 丑未辰のときなおるべし " がAに無い。e. では " にがき物をいむなり " がAに無い、など。

（３）A、Bともに、五行理論の五味と五禁が誤って記されている箇所がある。例えば、A.c「庚辛ノ日」では、木草は不明で五味は辛が正しく、五禁の " 酸キ物塩ハヤキ物 " は誤り（苦が正しい）。B.e「壬癸ノ日」では、五味は " からき物 " は誤り（塩が正しい）、五禁の " にがき物 " は誤り（甘が正しい）。

以上のような誤記・曖昧から、「追記」の著者・写本者は俄医者・新興の馬医者であったと見られる。俄医者・新興の馬医者は馬療書「本文」を入手・所持し、その後に「追記」を加えながら活用してきたものであろう。

ところで、日本の馬医学において代表的な安西流馬医書においても五味・五禁の誤記載や知識の誤りが見られる（後述　Ⅳ章）。このことから、馬医者や馬医知識の統一された権威は無かった時代であることが解る。

三節　「祭事の巻」の解読、考察

馬療書のA、Bともに「祭事の巻」の項目が記さている。（原文ではAは「祭事巻」、Bは「祭事ノ巻」だが両者は「祭事の巻」とも記していく。）**「祭事の巻」**の " 祭事 " とは、病因の祟り神や霊を制圧・剋す・慰め鎮め奉る・加持祈禱するなどの神事である。

AとB「祭事の巻」の記載仕様を見ると次のように異なる（**表1.表2.参照**）。

A『癀癀千金宝』では、まず「本文」において「祟り」が記され「加持祈禱」が記されるが、ここに「祭事」の記載はない。つづいて「追記」のイ、ロ、ハ、ニ、（以上は木版）の後の裏表紙は三宝印[1]が押され（**表1.五**）、宗教者が司る祭事を示しているが、ここにも「祭事」の記載（認識）はない。つまり、ここまでの時代は病馬の対処に「祭事」が主流・当然という認識（「祭事」以外の知識がなかった）といえる。「祭事巻」は、「追記」の後のチになって初めて登場している（チ、から活版印刷になる）。

表２.『癘痒千金寳』（A）と『馬の寫本（祭事ノ巻）』（B）の「追記」解読一覧

※記載順項目番号①～⑥およびa.b.c.d.e.は筆者による。

『癘痒千金寳』A１.	『馬の寫本（祭事ノ巻）』B１.
※「本文」（写真A１.参照）の後にイ、ロ、ハ、ニ、ホ、ヘ、ト、が記され、以下へつづく。 チ、祭事巻 ①ニ、馬ヲ内ヘ入外ヘ出スヘキ吉日ノ事 　甲子　甲戌　乙酉　庚午　庚子　壬戌　丁巳 　癸亥　甲辰　乙丑　乙亥　辛巳　辛未　辛卯 　戊辰　巳卯　丙寅	※「本文」は⑤の後にあり、イ、ロ、ハ、ニ、ホ、ヘ、ト、リ、ヌに該当する記事はなし。 チ、祭事ノ巻 ①ニ、馬ヲ内エ入外司出日之事 　甲子　甲戌　乙酉　庚午　庚子　壬戌　丁巳 　癸巳　□申辰　乙丑　乙　辛巳　未　辛卯 　戊辰　巳卯　丙刀
②ニ、此日ニ病付馬ハ必ス死スヘシ 　正月黄　二月巳　三月未　四月午　五月辰 　六月戌　七月子　八月巳　九月午　十月辰 　十一月酉　十二月卯	②ニ、本命日此病仕ハ死也 　正刀　二巳　三未　四午　五辰 　六戌　七子　八巳　九午　十辰 　十一酉　二二卯
③ニ、毎月朔日ノ日血禁スヘシ此日出血スヘカラズ 　春三月ハ寅午戌申 　夏三月ハ巳酉丑戌 　秋三月ハ申子辰寅 　冬三月ハ亥卯未ノ日	③ニ、一ケ月三ノ日血忌之事 ニ、正子　二未　三酉　四申　五卯　六酉 　七辰　八戌　九巳　十亥　十一午　十二子 ・四節忌血之事 ニ、春刀午戌　夏巳酉丑　秋申子辰 　冬亥卯未　此日ハ可慎也
④ニ、四季ニ向テ馬ヲ伏ル方不可有越度也 　春東　夏南　秋西　冬北 　此感能ヲ得ルハ毎年春三月二ノ日 　七月十日ニ参拝スヘシ 　右ノ通心得ヘシ	④ニ、四節馬ヲ臥ル之方知断調不存越事 ニ、春南　夏東　秋北　冬西　是を能く 　　可心得也
⑤　　該当する記述なし。	⑤ニ、右不口善悪日臥時ヲ日ッ ニ、迷故三界城悟故十方空本来無東西何 □□南北 ・同喜日 鍋門ヨリ馬ノ父母来タリ□口スル今朝 之千蔵血庭ニ護シ身ヲ法ヲ シテ口文満テ此哥ヲ讀前何モ三返 《この後に「本文」がつづく（写真Ⅲ.参照）。》

『癰疽千金寶』　A１．	『馬の寫本（祭事ノ巻）』　B１．
⑥「．四季如左ニカクベシ 　a．甲乙ノ日ハスキモノヲカクベシ辛キモノ 　　　赤キ物ヲ禁ズベシ 　　　子卯亥巳午ノ時ナヲル可シ 　　　丑未辰戌申酉ノ時死ス可シ	「本文」の後に、以下 ⑥「．四季トモニ如此之飼之事 　a．甲乙ノ日はすき物かうくし辛き物（欠損？） 　　　いむ之 　　　刀卯亥子巳午の時なおるくし 　　　丑未子（欠損？）のとき死すくし
b．丙丁ノ日ハ苦キ物カクベシ塩ト辛キ物 　　　ヲ禁ズベシ 　　　丑辰巳未申酉戌ノ時ナヲル可シ	b．丙丁ノ日ハ病には薬はにがき物にてかう 　　　くし塩とからきものをいむくし 　　　申酉亥子ノ時志すくし
※ｃ．庚辛ノ日ハ木草ヲカクベシ酢キ物塩ハヤキ 　　　物忌ム可シ　子卯亥子ノ時死ス可シ	c．戊巳ノ日ハ病には薬は人志んかんぞうかう 　　　くし 　　　丑未辰戌の時なおるくし 　　　刀卯子の時志すくし
※ｄ．戊巳ノ日ハクラシト甘岬ヲカクベシ 　　　酢モ　ト塩ハヤキ物禁ズ可 　　　辰巳丑未子申亥ノ時ナヲル可シ 　　　子卯巳酉ノ時死スベシ	d．庚辛ノ日ノ薬には塩斗くしにがき物 　　　をいむ也　丑未辰のときなおるくし 　　　刀卯巳午ノ時志すくし
e．壬癸ノ日ハ辛キモノヲカクベシ。 　　　酉申亥子子卯ノ時ナヲル可シ 　　　巳午丑未戌ノ時死ス可シ	e．壬癸ノ日ハ病からき物をかうくし 　　　にが物をいむなり 　　　酉申刀亥子の時なおるなり 　　　巳午丑未戌の時死かならず志すくし 　　　右口之大変此書巻ニ納置也

※ｃとｄの順序が逆に記されている。全体的に誤記が目立つ。

一方のＢをみると、〈3〉段落目に「祭事の巻」の項目が在り、この「祭事の巻」の項目中に「本文」及び「追記」のチ、（①〜⑥）も含まれ記されている。つまり、「本文」の「祟り」「加持祈禱」と「追記」のチ、（①〜⑥）は初めから（Ａと異なり）「祭事」として認識されていることが分かる。

　Ａ、Ｂは、ともに写本であり（その元本は不明、元本からそれぞれは何代目かを経ているだろうものを現物として見ていることになるが）、その時の写本者の「祭事」認識の違いの結果が出ている。Ａ、Ｂそれぞれの写本時から見るかぎりでは、Ａの写本時は馬療における「祭事」が当然と観念されていて後に「祭事」以外の馬療知識・観念が登場したことから見ると、Ｂ〈3〉が写本（あるいは書き改められた）時期はＡより後のことになると見られる。

　以上を馬医学史からみたとき、"神事"と科学的認識の狭間で移行するときの治療（馬療）を示しているということでもあると考えられる。

まとめ―課題

　『癩癧千金宝』「本文」当初は口傳であった。『癩癧千金宝』「本文」当初は、口傳を文字本にした「元本」から写本したものが基になっていると言える。Ａ、Ｂ『癩癧千金宝』「本文」の解読分析からみたとき、写本した元本は漢文和訳本と見なされる。Ａ、Ｂ『癩癧千金宝』「本文」は何度かの写本を経過した結果と見られる。

　何度かの写本を経過したであろう『癩癧千金宝』「本文」は1600年以降に木版された。「本文」が活用される過程で、「追記」が書き加えられていったものと判る。つまり、馬療書「本文」の所持者・馬療者は、それに「追記」を書き加えながら活用していた。

　「追記」は誤記と知識の曖昧さが目立つ。馬療書の「追記」の誤記・曖昧さから見て、当時において馬医者や馬医知識の統一された権威は無かったことが判る。また、祈禱・祭文が記され、また「三宝印」[1]が押印されている。このことから、『癩癧千金宝』著者（写本・著者）は地域の寺僧・修験者や馬喰などであったと推察される。

　『癩癧千金宝』版行は1600年以降の何時のことであったか。昌久寺木版は、何時、誰に因って為されたのか。「本文」について見ると、病因は祟神である。対処法は祈禱、本草、鍼・灸が供される。病因や対処法および病気観は如何なるものであったのだろうか（Ⅲ章）。陰陽五行によるものと見られるが、その理論はどうであったか（Ⅳ章）。また、『癩癧千金宝』「本文」では甲州と武州それぞれの地域性が見られたが、ＡとＢの類似はなぜか、いかなる歴史社会が存在したのだろうか（Ⅴ章）。

注

1）三宝印は、禅宗で「仏法僧宝」の4字を篆書・隷書などの字体で刻した印。字体は篆書・隷書・梵字などがあり、印の形も角型、丸型、菱型など一定しない。禅宗の寺院で用いられ、後世には他宗でも祈禱札、納経札、護符などに押すのに用いた（広辞苑、寺の調査・住職面談による）。

Ⅲ章

『瘑癪千金寳』の表題、病因、病名、対処法、病馬絵図

はじめに

　『瘑癪千金宝』の表題および病因、病名、対処法、病馬絵図から医世界および由来を探る。初めに、参考にする馬療関係の主な出典と概要を記して置く。本文中での出典（番号①から⑯）の①②③④⑤⑦は「中国古典」、⑥⑧⑨⑩⑪⑫⑬⑭⑮⑯は日本の古書である。本文中での出典は番号と書名を記す。

　　まず、『瘑癪千金宝』の病日、病因、対処法についてカテゴリーに区分して一覧表に示す（一節）。そして、『瘑癪千金宝』の表題（二節）、病因・対処法の加持祈禱、病気観（三節）、病名（四節）、対処法の本草（五節）、対処法の鍼・灸（六節）、そして病馬絵図と服飾（七節）、以上について検討していく。

　　※以下、『瘑癪千金宝』はＡ、『馬の写本（祭事の巻）』はＢと記す。また、ＡとＢの「本文」は類似しているため（前述）、両者の「本文」を指して『瘑癪千金宝』とも記す。

出典概要：古い順から列記し概要を記しておく。（　）内は参考文献である。

① 『**黄帝内経素問**』『**黄帝内経霊枢**』（前221-前202、前2-後202ころ）：中国最古の医書。黄帝は伝説上の人物で、著者・成立年代ともに不明。内容は陰陽五行論に基づく。『素問』は解剖・生理・病理などの基礎医学理論が主に記され、『霊枢』は鍼・灸・按摩などの具体的治療法が記されている。（石田秀美監訳・南京中医学院医経教研組編　1993『黄帝内経素問』東洋学術出版。家本誠一　2008『黄帝内経霊枢訳注』1巻・2巻・3巻　医道の日本社）

② 『**神農本草経**』（原著は前202-後220年ころ、再編は500年ころ）：中国最古の薬物学書。著者とされる神農は伝説上の人物で、実際は著者不詳。三大古典（『黄帝内経』『神農本草経』『傷寒論』）の内の一つ。500年ころ、陶弘景（456-536）が加注・復元し『神農本草経集注』を編纂した。陶弘景は、本草学者・道家・神仙家として知られている。『神農本草経集注』は一部を除き亡失。内容は宋代の『経史証類政和本草』の中に残り、略して『集注本草』といい現存している。薬物は365種、上・中・下の三品に分けられている。上品（120種）は無毒で不老延年の効のある薬、中品（120種）は無毒と有毒のものが在り病の進行を止め養生にも役立つ薬、下品（125種）は有毒だが病気治療に効果がある薬としている。（浜田善利・小曾戸丈夫　1993『意釈　神農本草経』築地書館株式会社。赤松金芳　1980『新訂　和漢薬』医歯薬出版株式会社）

③ 『**斉民要術**』（386-534撰述、著作は430-550の間と推定）：「斉民要術」は後魏（西暦386-534）の賈思勰が撰述。農事に関する書で牛馬驢騾羊（附相牛馬及諸病法）についても記されている。唐・宋では尊重されていて、わが国でも古く渡来し珍重されていた。わが国には未だ中国でも刊行されぬ写本として伝わった。（西山武一・熊代幸雄譯　1984『校訂　譯註　齊民要術』アジア経済出版会。小出満二1929「齊民要術の異版につきて」『農業経済研究』第五巻　岩波書店）

④ 『**千金方**』（581？〜682）『**千金翼方**』（682ころ）：范世英著。中国医学の最古の文献で唐の代表的医書の一つ。『千金方』三巻は唐代にはすでになく、7世紀の孫思邈（581?-682）が医学全書『千金要方』を著した。孫思邈は、後にこの書の補足として『千金翼方』を著した。両書を合わせて『千金方』といわれる。孫思邈は道家、神仙家で妙応真人と尊称された。「千金方」の名前は"人命は千金よりも貴し"に由来するという。『千金翼方』には、前書にない「禁経」として「禁呪法」が記されている。（孫思邈　1982『千金翼方』人民卫生出版社影印　新华书店北京友行所発行。上記解説は、山本徳子1996『古典医書ダイジェスト』医道の日本社）

⑤ 『**新修本草**』（659）：蘇敬ら編。蘇敬は中国唐代の本草家で生没年不明。陶弘景（456-536）が編集した『神農本草経集注』を新修したもの。『神農本草経』の所説が神仙的であるのに対し、医療的見地から編集され、いわゆる中国における最初の薬局方に当たる。わが国へは奈良時代に伝わる。中国本国では散逸したが日本にその一部が保存されている。（宮内庁書陵部　1983『図書寮叢刊　神農本草残巻』明治書院）

⑥ 『**大同類聚方**』（808）：平城天皇の勅命で全国の神社や豪族から提出させた薬を、安倍真直と出雲連広貞が撰集し『大同類聚方』百巻を世に出したとも云われている。薬名は漢方名でなく和名。1200年間、和文書とされ訳されないままであったが、所伝は中国や朝鮮半島からの渡来人やその子孫のものが多く、薬物も中国医学の影響を受けているものがほとんどであることが明らかになった。偽書説

もあるが資料として貴重な書物。（槇佐知子　1992『大同類聚方全訳精解』全五巻　新泉社。解説は、槇　1992　第一巻）

⑦『鷹経』（811→1503→1778）：『日本国見在書目録』の中にある。陶弘景（456-536）を引用・参考にしている。陶弘景は5、6世紀の道家で書に長じ本草に精通し『本草経集注』などの書を著した。わが国の鷹の起源について「嵯峨野物語」に、「鷹は仁徳天皇の御代に高麗より奉る」（塙 1992：474）とあり、『新修鷹経』（現存せず）が弘仁（810-24）に鷹所に出された。後の『鷹経辨疑論』は文亀三（1503年）諫議太夫藤基春の名のあるものを、安永7（1778）年に藤原箪識なる人が謄写したことが記されてある（塙、太田 1985：260）。当時の社会において「鷹は公家には馬と同じように引き出物にせられしなり」（ibid.：476）とあり、鷹と馬は宝物であった。宝物である鷹と馬の病気・対処法の詳しい知識が記されている。（塙　保己一補・太田藤四郎編纂　1985「鷹経弁疑論下」『続群書類従　十九輯中』続群書類従完成会発行。塙　保己一編纂　1992『群書類従・十九輯』続群書類従完成会発行）

⑧『日本国見在書目録』（891ころ）：日本最古の漢籍目録。藤原佐世撰。宇多天皇の命を受け平安時代に日本に渡来していた漢籍凡そ1,575部16,790巻の書名・巻数などを記したもの。（小長谷恵吉　1956『日本国見在書目録解説稿　附同書目録・索引』小宮山書店）

⑨『和名類聚抄』承平年間（931-938）成立：源順著。醍醐天皇皇女勤子内親王の命で撰進。わが国最古の意義分類体で百科事典とも云うべき書。漢名の出典を明らかにした上で和名を記してある。病については病名・薬の名称・適応症など記されている。（馬淵和夫　2008『古写本和名類聚抄集成』第二部十巻本系古写本の影印対照　勉誠出版）

⑩『医心方』（984）：丹波康頼編纂。日本最古の医書、全30巻。隋・唐・朝鮮などの医書より医術に関する記事を引用している。丹波宿禰康頼は坂上氏で系図は後漢霊帝の曾孫・阿智王にたどりつく。応神朝に渡来し帰化した。（丹波康頼撰・槇　佐知子全訳精解　2002『医心方』巻三　風病篇、2008『医心方』巻二A・B　鍼灸篇。槇　佐知子　1993『医心方の世界』人文書院）

⑪『馬医草紙』（1267）：重要文化財、東京国立博物館蔵。現存するわが国最古の馬医書。本草紙にある17種類の薬草は鎌倉時代から伝承のある馬の処方薬である。鎌倉時代は隋・唐馬術の模倣から脱却して日本独自の馬医術へと移行する黎明期である。（三井高孟「絵巻に秘められた歴史」、松尾信一「解題」松尾信一編　江上波夫・木下順二・児玉幸多監修 1994『馬学―馬を科学する』馬の文化叢書第七巻　馬事文化財団）

⑫『安西流馬医伝書（「寛正・安西流馬医絵巻」寛正五）』（1464）：三井高孟蔵。わが国で最古の馬の解剖図や鍼灸の経穴図などが描かれている。この巻物は天竺馬鳴菩薩―大唐三蔵法師―日本粉河僧正系の安西頼業を祖とする安西流馬医術の絵巻物である。五行理論に因る五行の色体表、五輪塔、また、馬の背面解剖図、馬の鍼の経穴位置図が描かれている。（松尾信一編　江上波夫・木下順二・児玉幸多監修　1994『馬学―馬を科学する』馬の文化叢書第七巻　馬事文化財団）

⑬『馬医巻物(文禄四)』（1595）：絵図のない馬医巻物で、仲国流を祖とする桑嶋流秘伝巻物。室町時代の馬医術の概要を知ることの出来る貴重なもので、陰陽五行、色体表などは『安西流馬医伝書（寛政五）』⑫と同じ。（村井秀夫・松尾信一・白井恒三郎「馬医絵巻（文禄４）について」「解題」　松尾信一編　江上波夫・木下順二・児玉幸多監修　1994『馬学―馬を科学する』馬の文化叢書第七巻　馬事文化財団）

⑭『安西流馬医巻物（宝永七）』（1710）：安西播磨守著。信州大学農学部図書館蔵。内容は五行理論

に因る五輪砕、五行配当表、馬の解剖図、鍼灸経穴図、馬・仏の顔など。本書の系統を示す始祖天竺馬鳴菩薩―大唐三蔵法師―日本の粉河僧正―十二代を経た「安西流」安西播磨守とその継承者の氏名が記されている。（安西播磨守著「安西流馬医巻物(宝永七年)」松尾信一・村井秀夫「解題」1996『日本農書全集60　畜産・獣医』農山漁村文化協会）

⑮『良薬馬療弁解』（1759、1796）：底本は馬事文化財団所蔵。著者の洛隠士・似山子については不明。本書は宝暦から安政までの100年間に利用されており江戸時代に最もよく普及した馬医書である。この『良薬馬療弁解』の内容は、室町時代までのわが国の馬医術を集大成した1604年発刊の『**仮名安驥集**』（1604年発刊はわが国最初の木版本の馬書といわれる508頁）の内容が多く含まれ、また、室町時代や江戸時代に書写された現存の『安西流馬医伝書（寛政五）』（1464）⑫や『安西流馬医巻物（宝永七）』（1710）⑭や『国仲秘伝集』（室町時代写本）の内容も含まれている。（洛隠士・似山子「良薬馬療弁解」、松尾信一「解題」松尾信一編　江上波夫・木下順二・児玉幸多監修　1994『馬学―馬を科学する』馬の文化叢書第七巻　馬事文化財団）

⑯『万病馬療鍼灸撮要』（1760、1800）：底本は、京都大学医学部図書館富士川文庫蔵。初版は宝暦（1760）年。著者の平安隠士・泥道人については未詳。48項目からなる馬の病名が挙げられ、病名ごとに症状、原因、処置、薬方、鍼灸の指示、患者の取り扱い方法などが書かれている。治療法は鍼と灸、および薬餌。鍼・灸の「つぼ」が精緻に図示され、薬餌は処方を具体的に示してある。18世紀以降には馬医書が実用性を増し、より実践的になっている。（平安隠士・泥道人「万病馬療鍼灸撮要」、村井秀夫「解題」1996『日本農書全集60　畜産・獣医』農山漁村文化協会）

一節　『癘瘑千金宝』の病因、病名、対処法一覧

『癘瘑千金宝』では、十二支の病日と方位の祟神・病名・呪いや祈禱・本草・鍼灸が記されている（第Ⅱ章「**本文**」）。これらを、病日（十二支）、病因（方位と祟神）、病名、対処法（加持祈禱・本草・鍼・灸）のカテゴリー区分に沿って一覧に整理すると、以下の如くである（表3.）

『癘瘑千金宝』における十二支の病は、「**此の日の病は□□と云う**」というように記されているが、**此の日**は発病日を云うのか、それとも「**此の日の病**」だと病気が二日以上続く場合は日毎に病名と病因の祟神が変化し対処法が変わることになるので後者は考え難い。ここでは、発病日（病気状態が発見された日・病気状態になった日）を意味すると理解して見ていく。

表3.『瘑癨千金寶』の病因、病名、対処法一覧

十二支 病日	子	丑	寅	卯	辰	巳
病名	ちほたち	ひたなり	はとひる ※□□ひる	こつはら ※こくまく	大風	くすを
祟神 （病因）	土宮神－鬼神 ※□山宗 （ヤマノカミマツル）	丑の方神	刃の方神 ※刃の神	東の方神	北の方神	西の方神
加持祈禱 （対処法）	米壱合紙一枚竹にはさみて東に向て心経一巻奉誦なり。※	桃の木一尺八寸に切って弓にして上下にはたを付せ彼の馬の上を三度なぜ川へ流すべし。※	赤きものを水に入かふべし紙を赤そめにしてヘビに作り馬の上三度なぜて玉女の方へ撫べし。	東の方へ向て心経三巻誦し三度礼拝し彼の馬を引向て立べし。	米三合ひねり（こめさんごう）※$_1$にして光明真言廿一へん唱へ馬を玄関へまわしうつべし※$_2$	此方にあるをか※（丘?）に馬を引き廻し志とき五つ作りなるべし
	※（加）鬼神除之（キジンノゾク）	※（加）比たたりの神社□□□□			※$_1$さんさん ※$_2$引き廻して三度うつべし	※つか（塚）
本草 （対処法）	・まゆみの木 ・塩 ・干せうが ・人参　※ ・酒	・蛇いちご ・____　※$_1$ ・おもと　※$_2$ ・人志ん　※$_3$ ・煎麥　※$_4$ ・よき酒	・開の毛　※ ・鯉の頭の黒やき ・酒	・兎の毛（灰にやき水にて） ・どくだみ ・ふなわら ・柳の葉　※ ・酒 ・塩	・____　※$_1$ ・葱の白根※$_2$ ・おんばこ	・へび（もぬけを灰にやき） ・酒 ・____　※$_1$ ・____　※$_2$
	※____（無し）	※$_1$（加）□妻苦辛（リロクシン） ※$_{2,3,4}$無し	※□門の毛（ギョクモン　ケ）	※志だれ柳の葉	※$_1$（加）ひとの毛 ※$_2$志ろ弥	※$_1$（加）りろうし ※$_2$（加）まろすげの毛
針 （対処法）	・針すべし	・百会 ・雲門 ・志ゆみ	・せんだん ・志ゆみ	・せんだん ・志ゆみ	・せんだん ・しゆみ ・百会	・せんだん ・たまき ・志ゆみ
	※・千段の千巻 ・須弥陰（シュミカゲ）	同上	同上	※千段ノ千巻 ・（加）百会	同上 ※（加）千巻	同上 ※（加）千巻
灸 （対処法）	・____（無し） ※灸	・灸	・無し	・灸 ※____（無し）	・灸 ※やく	・灸 ※やく

※はAと異なるBの事項。（加）はBに加記されている部分。

十二支 病日	午	未	申	酉	戌	亥
病名	せかいり ※うしろくり	きもきり	はや風	ういこく ※らいら□	きくも ※きもきり	はむき
崇神 （病因）	南の方神―荒神	東の方神	北の方神	西の方神―荒神	東の方神―山神	水神
加持祈禱 （対処法）	志とぎを作り奉るべし 三日過て大事あり※	此方に向ってまつるべし	諏訪大明神※₁の此方へむかひ鷹の羽を竹にはさみ馬の上を三度なぜて川へ流すべし※₂	赤きものと雉子の首の毛を竹にはさみ御幣にして馬のはら引廻し幣にて背骨首尻までまじなうべし※ 光明真言廿一へん唱へ王めの方へ捨つべし	赤き物を立て山神をなだめよ	赤きものからき物忌む※₁ 五色紙を切って水神をなだめよ 光明真言廿一へん唱へ左の耳を七度うつべし※₂
	※三日へぬれば大事也		※₁＿＿（無し） ※₂（加）□□も留まらずはしる之	※赤鶏の首をへい（幣）にしるし馬を引廻し□□□……（不詳）		※₁水にたて五色のへいを奉り ※₂に日□□□奉り、是を左の耳へ七へんとなへ入べし
本草 （対処法）	・どくだみ ・桑の木の根　　※₁ ・栗　　※₂ ・黒豆 ・うつ木のあま皮　　※₃ ・酒	・白きもの水にそえ（たて）てかうべし ・鴨の毛　※₁ ・えびつるの根　　※₂ ・ふく里う ・＿＿＿＿　※₃	・ひるも ・おんばこの実 ・＿＿＿＿※₁ ・どくだみ ・あらるか※₂ ・酒 ◎但し石うるかといふものあり	・き志の木（毛）　　※（灰にやいて） ・こしゅう（胡椒） ・こぶの酒	・またたび ・桃の木の葉　　※₁ ・ぶくりゅう ・酒 ◎俄かに身ぶるい又身にくらひ付やむなり　　※₂ ◎冷やすべし	・べっかふ（鼈甲）　　※ ・よき酢
	※₁□□□□□ ※₂無し ※₃うつ木のあまはだ（肌）	※₁ カモエビノネ ※₂ ）鴨海老根 ※（加）いのこづち	※₁（加）つるの毛 ※₂鮎のうるり	※鶏の毛	※₁李子の皮　ナシノキ ノ カワ ※₂おきふしの□之	※□□□□
針 （対処法）	・せんだん ・たまき	・せんだん ・たまき ※	・せんだん ・志ゆみ	・せんだん	・せんだん ・志ゆみ※ ・たまき	・せんだん ・しゆみ ・※□□□□？
	同上	・千段 ・千巻	同上	同上	同上 ※無し	同上 ※無し
灸 （対処法）	・＿＿＿＿（無し） ※灸	・灸	・＿＿＿＿（無し） ※やく	・＿＿＿＿（無し） ※やく	・灸 ※やく	・灸 ※やく

二節　『瘠癃千金寶』の表題について

　表題は「馬宇三蔵大士妙傳　瘠癃千金寶　矢野堂別當　小淵沢昌久寺」と記されてある。表題はＢには無い（写真Ⅰ．写真Ⅱ．写真Ⅲ．参照）。

1．「馬宇三蔵大士妙傳」

　三蔵法師（大師）と云うと中国・唐代初期の玄奘三蔵を云うのが一般的だが、本来は三蔵（経蔵・律蔵・論蔵）を習得した高僧を敬って云ったものであり、多くの三蔵法師（大師）が存在したといわれている。そして、当時の僧侶は医療者でもあった。この事を踏まえてみると、「馬宇三蔵大士妙傳」とは、"馬の治療に秀でた高僧の尊い治療法傳"と云うことになる。三蔵法師については、⑭「安西流馬医巻物（宝永七）」（松尾・村井　1996：294）の中で馬医術継承図にも記されている。その馬医術継承図によると馬医術がインドの馬鳴菩薩[1)]から大唐三蔵法師を経て、日本国の粉河僧正に伝えられ、それ以降12代を経て安西頼業に伝えられ、さらに安西何某に代々伝えられ安西流として継承されたとされている。これは、医術の源流が仏教文化とともにインドを経て中国の僧侶によって齎された<ruby>齎<rt>もたら</rt></ruby>という知識が存在したので、「三蔵法師（大師）」と書くことで医術の権威づけになったと考えられる。

　この⑭「安西流馬医巻物（宝永七）」と『瘠癃千金宝』を見たとき、両者の内容は異なるが、馬医術の源流となる三蔵法師が記されている点は共通している。

2．「瘠癃千金寶」

「瘠」「癃」の字は馬が病気になり、やつれ元気がなくなった状態を意味している。「千金寶」については、現在の中国医学の最古の文献で唐代の代表的医書と云われる④『千金方』（方の字が異なる）を真似たものと考えられる。

『千金方』は歴史的にみると、わが国の『大宝律令』（701年公布）のなかの「医疾令」に大きな影響を与えていて、「わが国への本格的医学書の伝来は『千金方』をもって嚆矢とする伝えも否定することはできない」（石原　1974：174）。また、『千金方』が伝来した時期について「少なくとも、飛鳥時代にはその形跡はなく、その伝来は8世紀半ばから9世紀の間と考えられる、『千金翼方』にいたっては宋版に由来するものらしい」（小曾戸1996：11）と云われる。『瘠癃千金寶』は、この④『千金方・千金翼方』に肖ったものと云<ruby>肖<rt>あやか</rt></ruby>えるだろう。

3.「矢野堂別當小淵沢村昌久寺」と木版

　曹洞宗昌久寺の開基は 1600 年とある（小淵沢町誌　2006：805）。従って昌久寺の木版は 1600 年以降となる。因みに、わが国初の木版の馬書は 1604 年発刊の『仮名安驥集』（⑮『良薬馬療弁解』参照）であると云われていることからも、『瘄瘝千金宝』版行は 1600 年以降となる。

　わが国の木版の歴史を見ると、中国での木版印刷が朝鮮を経由してわが国へ伝わり奈良時代には開版が行われている。奈良・平安時代から鎌倉に至るまでの開版の殆どが、仏書に限られ上流貴族に独占のものであったが、鎌倉時代になると新たな武家政治と宋伝来の禅宗文化の影響や新仏教の台頭などを背景に、従来と異なり仏教以外に文学や医学書の翻訳などが盛んに行われた。また、この時代は仏教文化と密接に関わりながら開版文化の地方進出が生まれ庶民の中へも浸透し始めた（服部　1964、庄司　1989:92-97）。なお、木版の印刷本が出来るまでの過程は、まず、新しい書物を入手すると白文の漢語を庶民向けに翻訳することから始め、翻訳原稿が出来ると版元は版木を彫らせて印刷・製本する（白水　1996:250-1 参考）。

　以上を踏まえて見たとき、矢の堂別当昌久寺の木版には次の背景と経過が考えられる。まず、馬療書の需要は馬の所有者による。中世の甲斐において馬を所有していたのは甲斐武田氏だが、武田氏は天正 10 年（1582）に滅亡している。それで、武田氏による 1600 年以降の馬療書刊行は無かったと考える。1600 年以降になると、馬は武士から移行して庶民に普及していく。従って、1600 年代以降の馬療書の需要は庶民・農民であったと云える。この時、昌久寺が主体で、書物入手から白文の漢語を翻訳（依頼）することから始め、翻訳原稿から版木を彫らせて『瘄瘝千金宝』を刊行したことになるが、それは、経済的、人材的にみて地域および昌久寺の状況からみて不可能なことだと考える。だが、既存の馬療書（「本文」）を基にして『瘄瘝千金宝』刊行であればその可能性は考えられる。

　ここで、仮定する 1600 年以前の既存の馬療書は「瘄瘝千金宝（仮称）」（元本）としておく。この元本（Ⅱ章で見た「本文」に該当する）が存在したと仮定すると、その時代の馬療の需要は武田氏滅亡（1582）前の戦国時代に至る。戦国期武田氏における馬は戦闘の要であり、馬療は必須である。馬療には馬の加持祈禱が行われ、馬療書も存在したであろう。それが「瘄瘝千金宝（仮称）」（元本）であったのではないか。「瘄瘝千金宝（仮称）（元本）は武田氏と馬が活躍した戦国の時代に存在したと仮定すると、それは、鎌倉期になり武家政治と宋伝来の禅宗文化の影響や新仏教の台頭した時代・仏教文化と密接に関わりながら開版文化の地方進出が生まれ庶民の中へも浸透し始めた時代である。
「瘄瘝千金宝（仮称）」（元本）の存在が引き継がれていて、それを基にして、1600 年以降に「馬宇三蔵大士妙傅　馬症千金寶　矢野堂別當　小淵沢昌久寺」を作成し、三宝印を押印し版行したということも推察される。

三節　『癘瘋千金寶』における病因・祟りと加持祈禱

『癘瘋千金宝』での病因は全て「祟り神」に因る（**表3. 参照**）。まず、病因と「祟り」「加持祈禱」の歴史を通して『癘瘋千金宝』を検討する。

1．中国の古代における祟りと加持祈禱

　祟りの文献・記述を辿ってみると、中国・殷代（約前 1700- 前 1000）の甲骨文字のト字の中に上帝、先王、配偶者、旧臣などの霊の祟りで病気が齎されることを意味する文字が見られる。対処は、祟りの霊を祭り「祓い」の儀礼を行い、また、薬物療法（魚、棗?）・外科療法（抜歯、接骨、鍼灸?）が行われていたことが、文字解読から明らかにされている（山田　1999：20-22）。時代は下り、魯国の年代記『春秋』（前 386 ころまでにつくられたと推定）に「春秋時代、諸侯が病気になると神々の祟りだとして例年にない丁重な祭りをおこなった」（ibid.：27）。後の馬王堆墳墓（前 186 ころに埋葬）からの医書「五二病方」を分析した結果によると、「呪術療法は全処方の 17 パーセントを占めているが、適用される病気は限られていて、□人のような精神に関わる病、疣や脱腸のような適切な治療法のない病、漆負や虫刺されの様な偶発的な病、の三領域にすぎない、要するに治せない降りかかった病以外は、すでに呪術を必要としていなかった」（ibid.：55）という。

　さらに時代が下り、漢方（中国医書）の三大古典の一つ、『黄帝内経（素問・霊枢）』①にも祟り・祝由（お祓い）に関して記されているが、従来と異なり理論的である。素問の「移精変気論篇第十三」では「(略) 古の病を治すには、ただ祝由で治したというが、今世の病を毒薬・鍼石もっても治し癒えないものがあるのは何ぞや」の問に、答えは「古の病人と今の病人では、自然・精神を含めたあらゆる生活環境の変化により"お祓い"による治癒が不可能である（以下、略）」（①石田監訳　1993：222-224 参考）と云い、その理論・説明は陰陽五行理論に基づいた総合的理解・分析・観察に基づく色脈・薬草・鍼など総合的な処置の必要性と適切な環境の提供、心身・ことに心のケアと観察の重要性を述べている。また、『霊枢』の「賊風第五十八」では、「(略) 心当たりがなく突然病にかかるのは神霊の祟りによるものか」の問に、答えは「(略) 原因は古い邪気（障害因子、つまり、不満・羨み・精神的落込み・気力の衰えなど）が競合して病を起すもので、原因を見える形で捕難いから神憑りのように見えるだけである」と云い神霊の祟りを否定している。そして、「祈禱・呪文で病が軽くなるのはなぜか」の問に、答えは「(略) 昔の巫は病に打ち勝つ理論と方法を知っている、つまり、病になった由来・因縁・事情や背景を充分理解した上で、神霊のお告げや呪文を用いて対応し支え、解放し立ち上がらせていく」（①家本訳　2008：44-48）と云い、精神・心理的要因および心身相関に触れ、祈禱・呪文のもつ意味を述べている。以上のように『素問・霊枢』では、病と祟りや呪いを論理的に説明し啓蒙してい

る。それは、社会一般がいかに「祟り・呪い」信仰の世界に生きていたかの証拠でもある。

　この後、隋・唐の時代になると『黄帝内経（素問・霊枢）』の医学とは異なる道教（仙術）と仏教思想が混入して神秘的（迷信的）療法が盛んになる。道教は中国の雑多な民間信仰が土台になり、大衆の「祟り・呪い」信仰が生きつづけ、正式な交流を開始するこの後の日本へも多様な形で影響した[2]。

２．日本の古代から近世における祟りと対処法

　わが国の古代においては、病因を鬼神や邪神の祟り・怒り（罰）と考え、対処法は加持祈禱や祓いを行ったことが『古事記』『日本書紀』に見られる。

　遣隋使・遣唐使により大陸文化・医学の影響から、病気は住居・飲食、喜怒哀楽の内因と四気の変化に基づく外因の二面に因りその療法は加持祈禱のほか食餌や薬物による、という知識も伝わった。大宝律令（701）の「医疾令」に関わる医学教育において教習に指定された医学教科書は中国唐令に準じ医生には『甲乙経』（『素問』『霊枢』『明堂』の異本）『脈経』『本草経集注』『小品方』『集験方』、針生には『素問』『霊枢』『明堂』などが指定されている（服部　1988、小曾戸　1999：94-95）。『素問』『霊枢』からは、「祟り・呪い」に否定的な医学知識も学んでいたはずである。しかし、令には「呪禁師・呪禁博士・呪禁生」が任命されていて加持祈禱は公許とされていた。一般は加持祈禱が盛んに行われ社会秩序を紊乱する者さえあったという（服部　1945：103,203）。このことからも分かるように、大陸からの医学知識享受や薬草や食事、温泉療法などは一握りの貴族のことで、大多数はもっぱら祟りと神仏への加持祈禱の世界に暮らしていた。病因や災厄の理解不能・意味不明は全て"祟り"と考えた。

　後の平安時代には、仏教および大陸からの陰陽道思想が混交した「もののけ」信仰が盛んであった。道教的信仰も混入していたであろう。病因を「もののけ」とする信仰では、従来の「神の祟り」以外にも人や動物の死霊・生霊・怨霊や鬼や天狗などの祟りに取憑かれた状態を「もののけ」によると考えた。その対処法に加持祈禱が行われ、平安時代ほど加持祈禱が盛んに行われた時代は他に類例がないといわれるほどであった（服部　1988：38）。鎌倉時代になると、隋・唐の医学を範とした奈良・平安時代の医学に比べて大陸から入ってくる宋医学を主流とした。宋医学でも人や馬の病は病魔の祟りで起こると考えていた（服部　1964、⑪三井　1994：446）。この時代の特徴的なことは、従来の医療制度の崩壊に伴い地方の国医師が姿を消し、それに替わって新興の民間医・馬医が活躍する時代になったことである。民間医の多くは僧医で、仏教と共に医学を習得し地方医療に当たった。振興の馬医は下級武士や山伏・修験者・陰陽師・毛坊主などから誕生し、伯楽、長史・張里などと呼ばれた。彼らの信仰を土台にして加持祈禱や悪霊・病魔退散のための薬師咒や陀羅尼等の呪文・神歌の誦唱などが行われていた。

　その後、江戸時代に至って馬は庶民生活の中に普及し、馬医術は進歩・発展する。だが、江戸時代においても「祟り・呪い」信仰は従来と変わりなく存在していた。代表的な

Ⅲ章　『癘瘯千金寶』の表題、病因、病名、対処法、病馬絵図　　　51

馬医書の中にも「急々如律令」の呪文が多々記されている[3]。生物医学が普及し一般的に
なるまでの 1940 〜 50 年頃までは、「祟り・呪い」信仰の世界に暮らしていた。

3. 『斉民要術』、『鷹経』の中の祟りと加持祈禱

⑧『日本国見在書目録』の中に③『斉民要術』（著作は 430-550 の間と推定）、および⑦
『鷹経』(811 → 1503 → 1778) [4]がある。共に中国唐代の古書であり、当時の馬の病およ
び対処法を知ることができる。

まず、『斉民要術』における馬や牛の病について見ると、五色（赤・青・黄・白・黒）、
五気（血・肝・腸・骨・腎）、五労（筋・骨・皮・気・血）など、陰陽五行理論による馬療
技術が記されている。また、数字合わせのような呪術と思われる記載もある。病因および
対処法は合理的、実践的な記述が見られる。例えば、五労の原因は「長く歩ませること、
長く立たせること、汗をかいたまま乾かさないでいること、汗を乾かない内に飲食させ
ること、馳駆に節度がない事」、対処は原因を除く実践的対応である。また、対処法には
「(略) 小刀で刺して潰す・出血させる・馬糞と髪を焼いて煙を馬の鼻に入れる、油を塗っ
た手で馬の肛門を探り糞を掻き出す、塩塊を尿道内に注ぎ込む」など、人の手を使う対処
法が特徴的にみられ、経験的日常から生まれた合理的・実践的対処が見られる。そして、
③『斉民要術』の中には祟りの記述はない。

次に、⑦『鷹経』の内容を『癘瘝千金宝』の関連で見ると、冒頭は陶弘景曰に始まり、
鷹も人の病と同じであると云い、鷹の病気と対処の本草が記されている。病因は「調養に
精ナカラザル所」「悪キ餌ヲ与えたため」「緒革が古くなっている」「血帯テ起こる」「汚穢
のため」「汚れた時水浴びをさせないでいるため」などの合理的な説明の他に、「卒ニ物ニ
狂事」の場合には、「治療更ニ古法ニ出デズ」〈以下〉として、"呪術・御祓い"が記され
ている。それは、「卒ニ物ニ狂事」の対処法として「汚繊ニ依テ俄ニ狂スルト云説アリ。
治療更ニ古法ニ出デズ。先ズ架ヲ高キ所ニ上テ。幣ヲ以テ舞ヲマヘバ則平癒スルナリ。一
方。鷹ニ衣ヲ着テ急ニ餌ヲ哺。其衣ヲ幣ニ交テ神ニ奉ルベシ」という箇所がある。この記
述では、"汚繊（穢？）に依り狂するという云説がある。治療は古来からの方法で（しか
なく）、それは架を高い所に立てて御幣をもって舞を舞うこと、鷹には衣を着せて急に餌
を与え、その衣を御幣に結わえて神に奉ること"、とある（下線、筆者）。これは、『癘瘝
千金宝』の対処法の加持祈禱に類似する。『癘瘝千金宝』においてはすべての病馬に対し
て加持祈禱が為され「鷹の羽を竹にはさみ御幣にして馬の上を三度なぜ川へ流すべし、赤
きものとキジの毛を竹にはさみ御幣にして馬の腹引き回し幣にして首骨首尻までまじなう
べし、五色幣を切って水神をなだめよ」などが、記されている。つまり『癘瘝千金宝』で
は、陶弘景（456-536）以前の古来の方法ともいわれる対処法の加持祈禱が記されている。

4.『瘑瘷千金宝』の病因「十二日方位祟神所在」と加持祈禱

『瘑瘷千金宝』での病因はすべて祟神である。祟神は、十二支の病日「十二日」による「方位」の「祟神所在」で、「十二日方位祟神所在」（筆者造語）である。この「十二日方位祟神所在」は「五行理論」が基本になっている（後述Ⅳ章）[5]。この「十二日方位祟神所在」の観念は、『千金翼方』中に似かよった記載が在る。それは、『千金翼方』（影印版1982）の禁経（呪術的治療法）に「十二日人神所在」「十二時人神所在」という記載がある。それは十二支と人体・神の関係、つまり、「十二日」あるいは「十二時」による「人体部位」と「神の所在」を示し、神所在と鍼灸の箇所を注意するように記している。『千金翼方』では祟りの記述は無く、病因と「方位」の結びついた観念も見られないが、「十二日」と「神の所在」の関係を言う点で『瘑瘷千金宝』は似ている。これは、『瘑瘷千金宝』が『千金翼方』の知識を参考に取り入れた、とも考えられる。

なお、『千金翼方』（ibid.）に見られる呪文の「急々如律令」[6]（因みに著者の孫は道家で神仙家である）が『瘑瘷千金宝』には記されていない。『瘑瘷千金宝』では「心経奉誦」（心経は般若心経の略、浄土真宗と日蓮宗以外の諸宗派で読誦されている）、「光明真言の唱え」（光明真言は真言宗で最も重要視されている真言）などの奉誦・唱えが記されている。また、土宮神、荒神、山神、水神などの土着神や「諏訪大明神」など地域の神が記されている。

以上、『瘑瘷千金宝』の病因と加持祈禱をみたとき、そこには中国古典の④『千金翼方』⑦『鷹経』などの知識が記されている一方で、日本における仏教信仰や地域の神々も記されている。

四節　『瘑瘷千金寶』における病名

1．古書中に記されている「病名」

『瘑瘷千金宝』に記された病名は、「ちほたち」「ひたなり」「はとひる」「こつはら？こくまく？」「大風」「くすを」「せかいり」「きもきり」「はや風」「ういこく」「きくも」「はむき」などである。病名の判読では不明・不確実な点が目立つ。これら十二病名が古書中に記されている様子を見る。取り挙げる古書は、⑥『大同類聚方』（人が対象）、および⑨『倭名類聚抄』と⑬⑮⑯の「馬医古書」である。（表4. 参照）。

Ⅲ章　『瘑瘷千金寶』の表題、病因、病名、対処法、病馬絵図　　53

表4.『癘癪千金寶』および「古書」中の病名　※病名番号は筆者による

『癘癪千金寶』 年代不詳 対象：馬	『大同類聚方』 808 対象：人	『倭名類聚抄』 931-938 対象：馬	『馬医巻物 （文禄四)』 1595 対象：馬	『良薬 馬療弁解』 1759、1796 対象：馬	『万病馬療 鍼灸撮要』 1760、1800 対象：馬
子. ちほたち	1.○○やみ（也美、 　也民、也味）	1. クヒ 　（　　）	1. 結馬	1. 結馬	1. 結馬
丑. ひたなり			2. 尿結・ばりけつ	2. 尿結	2. 内羅
寅. A はとひる	117	2. ツマイリ	3. 虫腹、	3. 虫腹	3. 痺
B □□ひる	2.○○やまひ	（蹄漏）	4. 虫出	4. 内羅	4. 筋骨痛
卯. A こつはら	（也万比）　10	3. タコ	5. 虫寸白	5. 痰瘡	5. たり※
B こくまく	3.○○かさ、くさ	（脊瘡）	6. 内羅	6. 眼目	6. 悪瘡
辰. 大風　※	（加差、久差）	4. タチハル	7. 内落	7. 寒熱	7. 眼病
巳. くすを	23	（腹瘇）	8. 内乱	8. 不食	8. 耳病
午. A せかいり	4.○○えび（衣比）	5. チアブキ	9. 瘡	9. 手負	9. 鼻病
B うしろくり	3	（脚病）	10. 瘡出	10. 打身	10. 舌病
未. きもきり	5.○○あて（安天）	6. ハラヤム	11. 腫出	11. 踏抜	11. 唇口病
申. はや風　※	7	（腹病）	12. 駒の病	12. 髪落	12. 瘡
酉. A ういこく	6. その他　25	7. タリ　※	13. 寒の病	13. 脱肛	13. 腫物
B らいら□	・衣加波良	（　　）	14. 熱の病	14. 下血	14. 四足腫
戌. A きくも	・布世免	8. タフル	15. てをゐ馬	15. 鼻血	15. ないひ
B きもきり	・以母奴久美三日	（　　）	16. 盲眼	16. 吐血	16. 脇切
亥. はむき	・宇美豆支三日		17. きんきう（筋 　　休)、	17. 臍返	17. 腰内羅
（以上）	・寸波美三日	※同病名が『万 病馬療鍼灸撮	18. 筋の病	18. 淋病	18. 労骨
	・宇美豆利久差	要』にもあり。	19. 筋せうかち	19. 震乱	19. 僕傷
※大風、はや風は	・寸和里太古	「たり」とは繋	20. 風旋		20. 脱肛
同病名が『万病馬	・安佐	骨（第一指骨）	21. 針亡		21. 腹板
療鍼灸撮要』にも	・保久呂	の上にできる腫	22. 血にゑふ馬		22. 癜風
あり。	・爾支比	物のことである	23. 息つまる馬		23. つる瘡
	・寸波加寸	（：335)	24. とつきたる馬		24. 陰茎不納
	・多佐介		25. 目ひるおへる 　　馬		25. 筋すくみ
※	・之利波須		26. ねひき		26. 鼻血
A『癘癪千金宝』	・之利渡智		27. ひる馬		27. 吐血
B『馬の写本』	・血波之利		28. 鼻血出る馬		28. 折目瘡
	・保禰多加比		29. つくい馬		29. 爪喰
	・渡支差之		30. 息きれ馬		30. つくゐ
	・乃無度以介		31. かたなぐ馬		31. 食毒草
	・支利支寿		32.「大事也」「大 　　切」		32. 大すくみ
	・奈末豆波太反				33. 糠疎
	・多牟之				34. ひり馬
	・一切介母乃咬				35. 瀉結馬
	・安之介牟之左之				36. ゆるき病
	・加古				37. 睾丸癩
	・爾和加奈於牟				38. うち身
					39. 走り火
					40. 早風※
	※同じ病で、又の名				41. 大風※
	・異名を含む。				42. 早火
					43. こうろき
					44. 筋すりし

					45. はす 46. 頭切はす（くびぎれ） 47. 虫結（むしけつ） 48. 鍼違（はりちかひ）

　ここで、古書中から病名を見るとき、何をもって「病名」とするかは整理が必要であり[7]、本来「病気」は共時的・通時的な疾病観の検討と合わせてテーマになる。ここでは「病・やまひ・病む」とする語・名称・状態を基に、以下をもって「病名」とした。

『瘋癆千金宝』では、「病は○○という」「此病の名をば○○」と記されている「○○」を病名とし、⑥『大同類聚方』では第三巻（処方部）において「○○やまひ」「○○やみ」「かさ」「ひえ（酔う）」「あてる（中る）」などの事項を、⑨『倭名類聚抄』では「牛馬病、疾病（部）、病（類）」の事項を、⑬『馬医巻物（文禄4）』では症状、部位、程度、行為などをもって病むものを、⑮『良薬馬療弁解』では「諸病」とある事項を、⑯『万病馬療鍼灸撮要』では鍼灸撮要の目録事項に挙げられているものを、それぞれ「病名」とする。

1）⑥『大同類聚方』（808　対象は人）には、人の病名185（同病で又の名、異名も含む）が記されている。それは「○○やみ」「○○やまひ」「かさ」「ひえ（酔う）」「あてる（中る）」などがあり、この中に『瘋癆千金宝』の病名と一致するものは見られない。

2）⑨『倭名類聚抄』（931-938　対象は馬）では牛馬病として、クヒ、ツマイリ、タコ、タチハル、チアブキ、ハラヤム、タリ、タフル（漢字名は表4．参照）の8病名が記されてある。これらは『瘋癆千金宝』中の病名に該当するものはない。

3）⑬『馬医巻物（文禄4）』（1595　対象は馬）この書は遣唐使として馬医術を学んで帰朝した平仲国の系統で桑嶋流といわれる秘伝巻物である。この中には凡そ32病名が記されているが、『瘋癆千金宝』中の病名に該当するものは見られない。

4）⑮『良薬馬療弁解』（1759、1796　対象は馬）この書は、室町時代からのわが国の馬医術を集大成した『仮名安驥集』（1604）を継承しているとされる。ここには、19病名が記されてあるが『瘋癆千金宝』中の病名に一致するものは見当たらない。

5）⑯『万病馬療鍼灸撮要』（1760、1800　対象は馬）を見ると、馬の病ごとに症状・原因・処置・薬方・鍼灸の指示や取扱い方法が書かれている。従来の馬医書と比較して大系的・実用的で明快である。ここでは48病名が記されていて、この中で「大風」（41.）「早風」（40.）が『瘋癆千金宝』の病名と一致する。

2．『瘋癆千金宝』の病名「大風」「はや風」以外は不明

『瘋癆千金宝』中にある12の病名のうち「大風」「はや風」の2病名以外の10病名は、以上の古書中に見当たらない。病名の「大風」について見たとき、⑩『医心方』（984）（※対象は人であるが）に風病として「大風」や風のつく病名が記されている（巻三　風病篇

2002：101-102　出典は『千金方』）。『医心方』『大同類聚方』を全訳精解した著者によると、『医心方』で風病とされているものは物の怪や呪いによる病気に対し時候に合わぬ風によるもので中風ともいったが、『大同類聚方』にはそうした理論はなくカザヤマイ（現代の感冒）、ハナタリヤミ（鼻風邪）、ノンドカゼ（喉の腫痛）などと名付けられている。それは中国の中風の理論とは別の素朴な病名である、と記している（槇　1992　1巻：11）。ここから、⑥『大同類聚方』（808）には風病の「大風」「早風」の病名は無いということを知る。

『馬症千金宝』中の病名で古書中に在ったのは、⑯「万病馬療鍼灸撮要」（1760、1800）の48病名中の2病名（「大風」「早風・はや風」）のみであった。⑯「万病馬療鍼灸撮要」は、最新の18世紀以降に著された書である。『瘑癬千金宝』が⑯「万病馬療鍼灸撮要」（1760、1800）の時期に書かれた書であれば、「大風」「早風（はや風）」の病名以外にも同病名（あるいは似かよった）があっても然るべきかと思われたが、それ以外の10病名は無い。

　以上、『瘑癬千金宝』の病名については、「大風」「はや風」が⑯「万病馬療鍼灸撮要」（1760、1800）に記され、また、⑩『医心方』（984）中にも在るが、他の病名については殆ど不明である。

五節　『瘑癬千金寶』における本草

　※「本草」とは、漢方で薬の原料とする植物のみならず動物・鉱物も含めていう。
『瘑癬千金宝』には凡そ42種の本草が記されている。それらの本草が、古書中に記されている有無や様子を調べ比較整理した（表5.）。古書は②『新農本草経』、④『千金方』『千金翼方』、⑥『大同類聚方』、および⑪『馬医草紙』（17種の本草が記されている）、⑬『馬医巻物（文禄四）』（異名や不明も在るが凡そ60種の本草が記されている）、⑮『良薬馬療弁解』（石薬60種・草木凡そ300種の本草が記されている）、⑯『万病馬療鍼灸撮要』（凡そ130種の本草が記されている）である。

表5.『癉瘽千金寶』本草から見た「古書」中の本草

Aは『癉瘽千金宝』、 Bは『馬の写本』。 ―は記載なしを示す。※1～※7（注）は表末

『癉瘽千金宝』(年代不詳) 対象：馬	『神農本草経』(前202-後220、500)※1 対象：人	『千金方』『千金翼方』(581-682)※2 対象：人	『大同類聚方』(808)※3 対象：人	『馬医草紙』(1267)※4 対象：馬	『馬医巻物(文禄四)』(1595)※5 対象：馬	『良薬馬療弁解』(1759、1796)※6 対象：馬	『万病馬療鍼灸撮要』(1760、1800)※7 対象：馬
子： A まゆみの木 B まゆみの木	杜中（上品）[波比末由美] 檀[万由三、末由美]	3 3 衛矛 3	末由民支 ・杜中（ハヒマユミ）か衛矛（クソマユミ）のことか不明(3:38)	—	—	杜中	まゆみの木
A 干せうが B 干姜	乾薑（中品）[久礼乃波之加美] 俗に姜	79 2	波智加美（生薬名 生薑・生姜・乾薑）	—	干姜、生姜	干姜	干姜
A 人参 B ―	人参（上品）[加乃尓介久佐、尔巳太、久末乃以] 一名人銜、鬼蓋	2	爾古多、加乃尓介久佐、久末乃以	—	—	人参	人参 朝鮮人参
丑： A 蛇いちご B へびいちご	蛇含（下品）蛇苺[倍美以知古、知奈波以知古、倍比以智古、久知奈波以知古]（『新訂和漢薬』）	3	伊知故 ・武狭新国入馬郡の家伝薬(3:14) ※蛇苺のことか	—	—	—	—
A おもと B □𡚼苦辛（リロクシン）	藜蘆（下品）[万年青] ※『国訳本草項目』木藜蘆（リロ）の気味は「苦く辛し」とあるから木藜蘆のことか、不明。	3	也万無波良 生薬名 藜蘆 ただしシュロソウかオモトか不明(1:72)。わが国では医書でオモトのことを藜蘆（リロ）といっていた。オモトは万年青(1:72)	—	—	藜蘆（リロ） 苦辛 ※藜蘆と苦辛は別々のものとして記されている。	梨芦（リロ） 苦辛 ※梨芦と苦辛は別々のものとして記されている。
					※苦参 苦辛（和方書）と同じ（『重訂本草綱目啓蒙』1923:168）		
A 人志ん（人参） B ―	(前出)	(前出) 2					
A 煎麥 B ― ※A地域では麦を煎って粉にしたものをイリコ・コーセンといった。	小麦[古牟支、末牟岐、麻牟岐]※大麦の基本は苗、茎幹、子実だが小麦はこれ以外に種皮、煎磨砕穀粒、澱粉など穀粒粉末も使う（『新訂和漢薬』）。	80 4	—	—	—	※小麦、大麦	—

『瘑瘲千金宝』(年代不詳)対象：馬	『神農本草経』(前202-後220、500)※1 対象：人	『千金方』『千金翼方』(581-682)※2 対象：人	『大同類聚方』(808)※3 対象：人	『馬医草紙』(1267)※4 対象：馬	『馬医巻物(文禄四)』(1595)※5 対象：馬	『良薬馬療弁解』(1759、1796)※6 対象：馬	『万病馬療鍼灸撮要』(1760、1800)※7 対象：馬
寅： A 開の毛 B □門の毛（ギョクモン）	髪髪（ハツヒ）（中品）髪髪[加美、曽里加美、久志計豆里加美] ※髪髪は、人の頭髪をいうが、人体のあらゆる部分の毛が用いられている。「玉門の毛」（ギョクモン）は陰毛のことで和名は未良計、豆比気。	3	—	—	—	—	—
A 鯉の頭 B 鯉のかしら（黒焼きにして）	鯉魚胆（リギョタン）（中品）[古比] ※『新訂和漢薬』では、鯉魚（上品）とある。脳髄の用法あり。	80 4	万古比、古比	—	—	鯉の頭の黒焼	—
卯： A 兎の毛 B □の毛（ケ）（灰にやき）	兎（ト）（宇佐岐、宇佐木、宇佐支、宇佐岐） ※皮毛焼灰の用法あり。	80 3	宇佐紀（武藤本のみ）	—	—	—	—
A どくだみ B どくだみ	蕺（シュウ）（之布岐、之布木、之布支、志布岐）	79 4	止久多美、止久太美、十薬	色々（毒散味、ハコベ）※	どくだみ	—	どくだみ
A ふなわら B ふなわら	苦菜（クサイ）（上品） ※薬師草の和名ふなばら、異名船裏とあり（三井1994:450）『意釈神農本草経』では苦菜が、同じキク科でヤクソウの記載がある。同一植物でフナバラ、白微、スズサイコの異名をもつものがあるが（『本草綱目啓蒙』『新訂和漢薬』）薬師草の掲載が無く不詳。	79 4 白微 2 ※船腹草：ガガイモ科の多年草で山野に自生、根は生薬の白微（『日本農書全集60』:383）	— —	薬師草（船裏、フナバラ） —	— —	— —	ふなはら —

『癰疽千金宝』 （年代不詳） 対象：馬	『神農本草経』 （前202-後220、500）※1 対象：人	『千金方』 『千金翼方』 （581-682）※2 対象：人	『大同類聚方』 （808）※3 対象：人	『馬医草紙』 （1267）※4 対象：馬	『馬医巻物 （文禄四）』 （1595）※5 対象：馬	『良薬馬療弁解』 （1759、1796）※6 対象：馬	『万病馬療鍼灸撮要』 （1760、1800）※7 対象：馬
A 柳の葉 B 志だれ柳の葉	柳華リュウカ（下品） [之多利也奈岐、之太里夜奈木、志多里夜那岐] ※[中薬大辞典] では柳花とし垂柳を収載とある。基本は樹幹、根皮、葉、花、樹脂。	3	耶那岐 何柳のことか不明（3:29）。	—	—	—	湯柳川柳
辰： A — B ひとの毛	髪髪ハツヒ（中品） （前掲）	3	—	—	—	—	—
A 葱の白根 B 志ろ根	葱（ソウ）実（ジツ）（中品） 葱（岐,紀,比登毛之） ※基本は鱗茎、鬚根、葉、葉汁、花、種子。	79 4	—	—	—	葱（ひともじ）	葱の白いところ
A おんばこ B おんばこ	車前シャゼン（上品） [於保波古]	2	於々波古 袁々波古	車前草 （於々波古、オオバコ）	—	車前草	車前草
巳： A へびのもぬけ（灰にやき） B へびのもぬけ（□□□） ※「もぬけ」は「ぬけがら」の方言	蛇蜕ジャゼイ（下品） 蝮蛇（波美、久知波美）	80 4	—	—	—	蛇脱	—
A — B りろうし	不詳	—	—	—	—	—	—

『瘴瘝千金宝』 （年代不詳） 対象：馬	『神農本草経』 （前202-後220、500）※1 対象：人	『千金方』 『千金翼方』 （581-682） ※2 対象：人	『大同類聚方』 （808） ※3 対象：人	『馬医草紙』 （1267） ※4 対象：馬	『馬医巻物 （文禄四）』 （1595） ※5 対象：馬	『良薬馬療弁解』 （1759、1796） ※6 対象：馬	『万病馬療鍼 灸撮要』 （1760、1800） ※7 対象：馬
A — B まろすげの毛	不詳 ※「知母（中品） 俗名「やますげ」「からすげ」。又、麦門冬（上品）の和名は「やますげ（山菅）」。どちらも飛鳥時代以降薬用とされた（小曽戸2001:65,67）とあるが、「まろすげ」は不明。	— 2 麦門冬2	知母 ・淡路国、家伝薬あり、ハナスゲの子根の漢方名を知母という（3:23） ・麦門冬『医心方』ではヤマスゲを麦門冬としている（1:85）。	—	—	知母	—
午： A どくだみ B どくだみ	（前出）	79 4 （前出）					
A 桑の木の根 B □□□□□	桑根白皮（中品） 桑（久波、久和） 基本は樹幹、根皮、樹汁、樹灰、葉、果実。	3	久波乃木、末久波乃木	—	桑白皮	桑白皮	桑木、桑白
A 栗 B —	栗［久利］	79 4	久奈利美、久利 （生薬名 栗子）	—	—	—	—
A 黒豆 B くろまめ	大豆黄巻（下品） （大豆黄は大豆もやしを乾燥させたもの、もとは黒大豆で作った） 大豆［於保末女女、万米、末米、久呂末米］の内に黒大豆［久呂末米］あり。	80 4	久支万免、久呂支万免	—	—	大豆	—
A うつ木のあま皮 B うつ木のあま肌	溲疏（下品） 溲疏［宇都岐、宇豆木、伊奴久古］。基本は未詳、木部を充てる。	3	宇都支 （生薬名 楊櫨）	—	うつ木	—	うつぎの葉

『瘄癪千金宝』(年代不詳) 対象：馬	『神農本草経』(前202-後220、500) ※1 対象：人	『千金方』『千金翼方』(581-682) ※2 対象：人	『大同類聚方』(808) ※3 対象：人	『馬医草紙』(1267) ※4 対象：馬	『馬医巻物』(文禄四)(1595) ※5 対象：馬	『良薬馬療弁解』(1759、1796) ※6 対象：馬	『万病馬療鍼灸撮要』(1760、1800) ※7 対象：馬
未： A鴨の毛 B—	雁妨（ガンボウ）（中品）一名を鶩肪。鶩は鴨[加毛、安比呂]。 ※『新訂和漢薬』に鶩（鴨）の毛の記載はなし。	80 3	— ※加母は、鴨とは別の偶蹄目シカ科の動物(2:395)。	—	—	—	—
Aえびつるの根（カモエビノネ） B鴨海老根	紫葛（シカツ）、[衣比加都良、衣比加豆良、恵比可豆良]ヤマブドウを当てる。 蘡薁（オウイク）[伊奴恵比、恵比可豆良]、 ※『重訂本草綱目啓蒙』に方言としてガネブ、カモエビ、エビズルが記されている。A、Bは方言。	3	依比都良	—	—	—	—
Aふく里う B茯苓	茯苓（ブクリョウ）（上品）[未都保止、麻豆保止、未豆保止]	3	未都保度（生薬名 茯苓） ※甲斐国に産す(1:174)	木草伝（茯苓 フクリョウ）	—	茯苓	茯苓
A— Bいのこづち	牛漆（ゴシツ）（上品）[為乃久都知、為乃久豆知、伊乃古豆知、都奈岐久佐、以奈岐久佐]	2	牛漆	馬頭草（めずそう）（牛漆、イノコヅチ）	—	牛漆	牛漆
申： Aひるも Bひるも	蛇床子（ジャショウシ）（上品）眼子菜[蛇床子]蛇牀・蛇床[比留先之呂、比流牟之呂、波末世利、也布之良美	2	蛭藻、比流毛（眼子菜）・蛭藻は蛭の蓆の意で水中に生える救荒本草。古和名のヒルムシロは蛇床子(3:103)。	阿古免草（あごめぐさ）（蛇筵、ヒルムシロ）	—	蛇床子	—
Aおんばこのみ Bおんばこのみ	車前子（シャゼンシ）（上品）[於々波古実]（前出 車前草）	2	於々波古実	車前草（前出）	—	車前子	車前子

『痲瘯千金宝』 （年代不詳） 対象：馬	『神農本草経』 （前202-後220、500）※1 対象：人	『千金方』 『千金翼方』 （581-682）※2 対象：人	『大同類聚方』 （808）※3 対象：人	『馬医草紙』 （1267）※4 対象：馬	『馬医巻物 （文禄四）』 （1595）※5 対象：馬	『良薬馬療弁解』 （1759、1796）※6 対象：馬	『万病馬療鍼 灸撮要』 （1760、1800）※7 対象：馬
A — B つるの毛	鶴 [豆流、豆留、多豆] ※基本は肉、脳、腸、肝、肚、素嚢中砂石、骨、血、卵とあり毛はなし。	—	—	—	—	—	—
A どくだみ B どくだみ	（前出）	79 4 （前出）					
A あらるか B 鮎のうるり ※あらるか、うるり、ともに方言	香魚、鮎、□魚 [安由] ※基本は肉、子。これ以外は記載なし。	—	—	—	—	—	—
酉： A き志の木 （灰にやき） ※雉の毛か？	雉 [岐之之、木之、岐志、木々須] ※基本は肉、脳、嘴、尾、屎とあり、尾が該当するか	80 3	—	—	—	—	—
B 鶏の毛 （灰にやき）	タンユウケイ 丹雄鶏（中品） （1名載丹と言い、朱色の鶏のこと） [爾波止利、爾和登利]	80 3	爾和止里乃波焼	—	—	—	—
A こしゆう B こ志ゆう	コショウ 胡椒 [未留波志加美]	3	依比須加良美 「生薬名 胡椒か」	—	胡椒	胡椒	—
A こぶの酒 B こぶの□□ （昆布）	コンブ 昆布 [比呂女、比呂米]	79 2	飛路免、依比須免	—	—	※外用としてある。	—
戌： A またたび B またたび	モクテンリョウ 木天蓼 [和太々非、未多多比]	3	和太々比 ※マタタビ （4:262）	—	—	—	—

『癀瘯千金宝』(年代不詳) 対象：馬	『神農本草経』(前202-後220、500) ※1 対象：人	『千金方』『千金翼方』(581-682) ※2 対象：人	『大同類聚方』(808) ※3 対象：人	『馬医草紙』(1267) ※4 対象：馬	『馬医巻物(文禄四)』(1595) ※5 対象：馬	『良薬馬療弁解』(1759、1796) ※6 対象：馬	『万病馬療鍼灸撮要』(1760、1800) ※7 対象：馬
A 桃の木の葉	桃核仁（中品）トウカクニン 桃[毛毛] 基本は樹皮、樹枝、樹膠、葉、花、果実、果毛、核仁。	79 4	—	—	※やうばい（楊梅皮）：ヤマモモの樹皮、果物を陰乾。	桃仁、桃白皮 桃木	桃の木の皮 桃皮
B 李木の皮 ※李（スモモ）か梨か。	李[須毛毛] ナシノキ カワ 基本は樹膠、根白皮、葉、花、果実、種仁。	79 4	—	—	—	※杏仁	—
	梨[奈之、那志] 基本は樹皮、葉、花、果実。	79 4	※梨ノ木（根皮）	—	—	—	—
A ぶくりゅう B 茯苓	（前掲）	（前出）3					
亥： A べっかふ（鼈甲） B □□□□	鼈甲（上品）ベッコウ 鼈[加波加女、加波加米、安志那倍加米]	80 4	加波加免	—	—	鼈甲	—
A よき酢 B よき酢	醋、酢、苦酒[須]サク 『神農本草経』に未収載だが古方にある	80 4	—	—	酢	酢	酢 よい酢
辰と亥以外： A 酒、よき酒 B 酒、よき酒	酒[佐介、左気]シュ 『神農本草経』に未収載だが古方にある	20 4	—	酒	酒	酒	酒 よい酒
子と卯： A 塩 B 塩	大塩・食塩（下品）ダイエン [之保、阿和之保、志於] 戎塩：大青塩、石塩ジュウエン [恵比須志於、阿和志於]	80 2 2	塩	—	塩	塩	塩

※１．出典②『意釈神農本草経』(1993)、『新訂和漢薬』(1980) より。『神農本草経』（上品、中品、下品とあるもの）以外は『新修本草』、『和名類聚抄』（鶴、鮎）にあり。

※２．出典④『千金方』、『千金翼方』（影印復刻版　1982）より。欄内の数字は本草が記載されている巻数、左

は『千金方』、右は『千金翼方』の巻数を記した。

※３．出典⑥『大同類聚方全訳精解』（1992）より。（　）内は引用文の（巻：ページ）を示す。

※４．出典⑪『馬医草紙』の「医王法薬方」（1267）に記されている17種の薬名は、『瘑瘉千金宝』にある６種類〈ふなわら、おんばこ、ふく里う・茯苓、どくだみ、いのこづち、ひるも・ヒルムシロ〉以外に次の11種が記されてある。　・法薬草（完灸草、オトギリソウ）　・阿度者崎（梅寄生、ヤドリギ）　・草王（狼芽、キンミヅヒキ）　・衣草（唐苧、カラムシ）　・仏前（青木香、オオグルマ）　・長少草（芭蕉綴毛、バショウ）　・狸尻巾（犬尻、ヤブタバコ）　・甘草伝（唐蓬、カワラヨモギ）　・伝地草（大犬蓼、オオイヌタデ）　・天衣草（蛇大鉢、マムシグサ）　・仏座（仙没香、ジゴクノカマノフタ）、以上の薬草名の（　）内は、三井論文（1994：450）による異名、和名の順に記す。この17種は寺院創製の秘薬で馬の万病に対する処方薬。外国（金や元）の馬医書に、この処方がみられないことから、渡来本により日本で改編したものと考察される（ibid.：150-1）といわれる。

※５．出典⑬『馬学－馬を科学する』より。

※６．出典⑮『馬学－馬を科学する』より。

※７．出典⑯『日本農書全集60　畜産・獣医』より。

１．『瘑瘉千金宝』の本草は『神農本草経』『千金翼方』の中に全て在る

１）A、Bにおいて、本草名はひらがなおよび漢字の両方で記されている。漢字のみは干姜（B）、□婁苦辛（B）、煎麥（A）、鴨海老根、茯苓、鼈甲など。

２）A、Bの本草は、中国最古の薬物書②『神農本草経』と唐代の④『千金翼方』の中に全て記されている。（但し、りろうし、まろすげの毛、つるの毛、鮎のうるり、あらるかは無・不明）

３）鶴、鮎の本草は⑨『和名類聚抄』（931-938）には記されているが、⑪⑬⑮⑯「馬医古書」には見られない。

４）A、B中の本草で日本の⑪⑬⑮⑯「馬医古書」に見当たらない本草は、蛇いちご、開の毛（B．ギョク門の毛）、兎の毛、ひとの毛、まろすげの毛、栗、黒豆、鴨の毛、えびつるの根（B．鴨海老根）、つるの毛、あらるか（B．鮎のうるり）、き志の木（※雉の毛）、鶏の毛、またたび、李子の皮（※李あるいは梨）の15の本草である。

　　以上から、『馬症千金宝』に在る本草は中国の古典②『神農本草経』④『千金翼方』に全て記されてあるが（２～３の不明を除く）、日本の⑪⑬⑮⑯「馬医古書」には見当たらない本草が在る。

２．A、Bの差異・地域性

A、B を比較したとき、Aのみに在る本草には人参、煎麥、栗、鴨の毛、鼈甲の５種があり、Bのみの本草は、ひとの毛、りろうし、まろすげの毛、いのこずち、つるの毛の５

種と判読不明がある。Bの、りろうし、まろすげの毛の２種は他の書にも無く不詳である（武州地域による植物、あるいは方言と云えるか不明）。

　ＡとＢの解読結果の比較から、地域性や方言が見られたが（１章2.）、本草名にもＡとＢの違いが見られる。

３．薬師草・ふなわら

『癘癧千金宝』に在る「ふなわら」は、①『神農本草』と④『千金方』『千金翼方』では「苦采」と記され出ている。日本の「馬医古書」の⑪『馬医草紙』に「薬師草」が記され、その後⑯『万病馬療鍼灸撮要』で「ふなはら」が登場する。

　古書中では薬師草・舟裏・苦菜（クサイ）・にがな、ふなわら・フナバラ・ふなばら・白微・スズサイコなど記されていて、同名・異名、漢名・和名などあり本体が分かり難い。舟腹草はガガイモ科の多年草で根は生薬の白微（『日本農書全集60』1996:383）とある。薬師草は日本最古の馬療書といわれている鎌倉時代の⑪『馬医草紙』に登場する。また、⑦『鷹経』（鎌倉時代に書き換えられている可能性もあると云われている）には薬師草が８ヵ所以上記され漢名の苦菜も記されている（⑦塙　1985:234-260から）。このことは鎌倉時代から“薬師草”が普及し（表5.※4参照）、それに伴い和名の「ふなわら」も使われるようになり、⑯『万病馬療鍼灸撮要』（1760、1800）の時代になると「ふなわら」が主に記されるようになった、とも推察される。『癘癧千金宝』「ふなわら」は⑯『万病馬療鍼灸撮要』（1760、1800）当時に普及した知識の反映とも云えるか。

４．『癘癧千金宝』の人体本草「開の毛・ギョクモンの毛」

『癘癧千金宝』に記されているＡ開の毛・Ｂ□門（ギョクモン）の毛（ケ）[8]・Ｂひとの毛は、日本の⑥『大同類聚方』、⑩『医心方』、日本の⑪⑬⑮⑯「馬医古書」には見られない（表5.寅　参照）。これらの人体本草は、中国最古の薬物書②『神農本草経』唐代の④『千金翼方』には在る（前述）。また、4～5世紀の③『斉民要術』にも「夫人の陰毛」「人の毛」の処方が記されている（賈撰、西山・熊代訳　1984：265、270）。また、⑦『鷹経』では「陰毛」は無いが、人の「髪の毛、髪垢、赤子尿、女の尿、足の爪、頤下垢」などの処方が記されている。

　古代中国では薬に用いる人体部分は髪、爪、内臓、排泄物にいたるまで全部分が使われ詳細に書かれた専門書もあったというが、中国医学の古書文献を網羅して引用した⑩『医心方』には毛髪や爪以外の人体にかかわる薬用は載せない。その理由は、弊害を考慮してのことではないかと『医心方』を精訳した著者は言う（槇　1999：168）。⑩『医心方』のわが国の医療に与えた影響は大であったので、従って『医心方』以降の医学書には人体部分の薬用の記載がないのではないかと云われている[9]。人体本草の「開の毛・ギョクモンの毛」が記されている『癘癧千金宝』は、日本の「馬医古書」の中では特異的と云える。

Ⅲ章　『癘癧千金寶』の表題、病因、病名、対処法、病馬絵図　　　　65

５．酒、酢、塩、および効能

　酒、酢、塩は②『新農本草経』⑤『新修本草』④『千金翼方』などの古法では主要な薬である。わが国で最古の⑪『馬医草紙』中には酒が記されて在る（酢と塩がないのは、馬の「万病の処方」ということから略されている可能性もあるが）。また、⑬『馬医巻物（文禄四）』では 32 の病の内、酒が内服用 1 ヵ所、酢と塩はそれぞれ外用 1 ヵ所に記されている。⑮『良薬馬療弁解』では 19 の病の内、酒が 12 の病に内服用として、酢は内服用として 1 ヵ所記されている。⑯『万病馬療鍼灸撮要』では 48 の病の内、酒は 15 の病に内服用 12 と外用 3 がそれぞれ記されていて、酢と塩は 3 病の内服処方のほか、酢の外用が 3（米酢で練り合わせ、硫黄をよき酢にて溶いて、など）、塩の外用が 8（塩湯で洗う、塩を付けかねを当てる、猪の脂と塩、など）と、塩の外用増加が目立つ。

　古方において酒・酢・塩の作用・効能には「殺邪悪毒気」「殺邪毒」「殺鬼蟲邪毒」など記されている。病因が祟神や邪毒気・鬼などとする観念から、それらを退散させる処方薬として酒・酢・塩は用いられた。殊に酒は主に内服処方とされていたが、後になると酒の処方そのものが減少する中で、内服より外用のほうが増えている。これは、病気観の変化に伴うものと云えるだろう。

　『瘋癀千金宝』において、酒は「辰の日」「亥の日」以外（亥の日病には酢が処方されている）10 支（日）の病馬に内服処方されている。『瘋癀千金宝』では酒、酢、塩は内用のみで、これらの外用処方が無い。一方、現在見る日本の「馬医古書」では酒、酢、塩が用いられていても、内服処方の無いものもあり外用が目立つ。

６．『瘋癀千金宝』の本草と日本の「馬医古書」

　『瘋癀千金宝』本草の検討から、『瘋癀千金宝』中に在る本草は中国の古典の②『神農本草経』、④『千金翼方』に殆ど全て在る。これは『瘋癀千金宝』本草は中国古典の②『神農本草経』④『千金翼方』に依拠していると言える。

　『瘋癀千金宝』中に在る本草「開の毛（Bではギョク門の毛）」（中国古典の②④には在る）は、日本の馬医古書には見当たらない。また、『瘋癀千金宝』において酒、酢、塩は内服薬としてのみ用いられているが、一方日本の馬医古書では酒、酢、塩は外用が目立つ。これから見て『瘋癀千金宝』は、日本の⑪⑬⑮⑯馬医古書とは異なる様子が見られる。

六節　『瘋癀千金寶』における鍼灸

　『瘋癀千金宝』には 6 ヵ所の経穴が馬体に図示されている。6 経穴は、百会、せんだん、志ゆみ、雲門、たまき、かみなり？である。これら 6 経穴が、古書中に記されているか否か、その様子を見た [10]（表6. 参照）。

表6.『癘瘲千金寶』経穴から見た「古書」中の経穴

『癘瘲千金宝』年代不詳 対象：馬	『牛馬医方』1399 ※1 対象：牛馬	『安西流馬医伝書 寛正五』1464 ※2 対象：馬	『安西流馬医巻物　宝永七』1710 ※3 対象：馬	『良薬馬療弁解』1759、1796 ※4 対象：馬	『万病馬療鍼灸撮要』1760、1800 ※5 対象：馬
6穴	79穴	22穴	図6（22穴）、図12（9穴）、図13（12穴）　合44穴	15図 172穴（重複あり）	5図 合80穴
1　百会	百会	百会	百会（図6）	百会	百会
2　せんだん			せんだん・千段（図13）	千段（折骨四つ目也）	千段
3　志ゆみ					
4　雲門	雲門			雲門（臍の穴）	雲門
5　たまき			上たまき・手巻（図13）		たまき
6　かみなり？					
			※図6（22穴）は『寛正・安西流馬医絵巻』（1464）と同じである。		

※1　魯　桂珍、J＝ニーダム『中国のランセット』共同著作（160）1989による。家畜への打針を遡り確認できる古い文献。

※2　出典⑫　わが国最古の馬の経穴図。『馬学－馬を科学する』（1994）より

※3　出典⑭　『癘瘲千金宝』とは「たまき」の位置が異なる。『癘瘲千金宝』では前脚上の胸部だが、ここでは後脚上の脇腹に近い所に記されてある。『日本農書全集60　畜産・獣医』（1996）より。

※4　出典⑮　『馬学－馬を科学する』（1994）より。

※5　出典⑯　『日本農書全集60　畜産・獣医』（1996）より。

（1）『癘瘲千金宝』にある「百会」「雲門」の穴は、最古の鍼灸専門書である『甲乙経』（中国西晋時代〈265-316年〉に編纂された古典で、具体的鍼灸の臨床について記述されている最も古い書）にもある重要な穴である（李・天津中医学院　1987：76,385参考）。「百会」はここで取り上げた総ての古書中に記されている。「雲門」は『牛馬医方』（1399）にもあるが、「雲門」は日本最古の馬の経穴が記されている⑫『安西流馬医伝書（寛正五）』および、その後の⑭『安西流馬医巻物（宝永七）』に記載が無く、後の⑮『良薬馬療弁解』以降の書には記されている。

（2）『癘瘲千金宝』にある「せんだん」の穴は、⑭『安西流馬医巻物（宝永七）』以降にある。また、「たまき」の穴は⑭『安西流馬医巻物（宝永七）』と⑯『万病馬療鍼灸撮要』に見られる。ただし、「たまき」の穴は『癘瘲千金宝』では前脚上の胸部にあり（I章　馬絵、参照）、『安西流馬医巻物（宝永七）』では後脚上の脇腹部に在り、位置が異なっている。

（3）『癘瘲千金宝』にある「志ゆみ」「かみなり？」の穴は、現在確認できる古典には見当たらない。

III章　『癘瘲千金寶』の表題、病因、病名、対処法、病馬絵図

以上から『癘癧千金宝』においては、最古の鍼灸専門書である『甲乙経』にある「百会」「雲門」の穴が記されてあるがその他は不明である。なお、「雲門」については日本の馬医古書では比較的新しい⑮『良薬馬療弁解』以降に見られる。

七節　『癘癧千金寶』における病馬絵図と服飾

『癘癧千金宝』の祟神は、病馬に跨りあるいは立っている人物4（内1は鳥を手に掲げている）、鬼5（二つの角がある、内1は猿の様）、大蛇2、鳥1、が描かれている（I章　写真I．II．III．）。これら祟神の服飾を見よう。

1．病馬祟神および服飾

1）騎馬・弓矢・烏帽子

「戌」の人物の服装は烏帽子を被り盤領で身幅が狭く脇の開いた狩衣姿で、馬に跨り弓矢を持っている。この装束は平安時代末期の「年中行事絵巻」（馬の文化叢書2　1995: 絵巻1参照）や「伴大納言絵詞（部分）」（出光美術館蔵）、また、室町時代の「石山寺縁起絵巻」に描かれている騎馬武者の装束に類似し、この人物絵は平安時代末以降の時代を反映している。

2）左衽、窄袖

　次の3者（申、酉、未）の着物の襟は、左衽（左前）である。申、未の二人は馬に跨っていて帯をしている。上下二部式の衣服と見なされ、下は二股にわかれたズボン様である。袖口について見ると申の人物では細く閉められている（窄袖）。「未」は分かり難いが広袖口ではない。「酉」は馬上に立っていて騎馬装束ではなく、着物の袖口が広く帯はしているらしいが袴姿かどうかはわからない。着物の「窄袖、細袴、左衽（左前）型」といえる特長は北方系のもので、「広袖、右衽型」は支那系といわれる（李　1998：84参照）。つまり、前者はいわゆる胡服系統に属するもので朝鮮の服飾文化である。なお、古墳の人物壁画を分析すると、左衽、右衽ともに見られるが高麗以後の右衽制に至る過程が説明できるもので、それ以前は左衽制であったという（ibid.：85）。

3）袴・帯・靴

　次に、袴（今日のズボンで巾の広いもの）について見る。3者は馬に跨り、足首まで布で覆われ袴を着ている服装である。袴は、李によると（李　1998:87）元来は草を踏んで馬に乗る必要から発生した北方民族の衣服であり、また同時に朝鮮民族の固有服でもあったようだが支那でも輸入され狩猟服になり武人服になった、と云われている。帯について見ると、「申」の人物の帯にはタテ線があり何らかの模様生地がある、「未」の衣装は何も描かれていない、「酉」の帯はみえない。履物を見ると、「申」「未」の2者は袴の下から靴を履いた足が描かれ、履物は線画で模様を表している様子である。履物には足の甲が出

る短い（浅い）ものと、足全体が覆われる長靴とが区別される。前者は南方系、足全体が覆われる長靴は北方系に属すると云われる（ibid.：104-107）から、「申」「未」2者の履物は北方系に属するようである。

4）笠形冠帽・羽飾

「未」の人物は帽子を被っている（図1.）。帽子は笠形でタテ線が描かれ、タテ線から素材が竹や草のようであり、帽子の周囲の下線の覆輪と端の飾りがあり、頂上の飾りは羽毛様である。この帽子姿は日本の服飾では見かけない。この形に類似したものに、古代朝鮮文化の中に見出せる「笠形冠帽」（李　1998：102–3）というのがある。これは、周囲に金属製覆輪と下縁の板張、これには円い小瓔珞を付け、笠の主部は綾布、頂上には筒形の金属飾を貫いている、というもので、著者はこの笠形冠帽を復元した写真（製作者の不注意により、原寸より大分大きくなったと但し書きをしている）を載せている（図2.）。この写真の帽子を小さくすると「未」の人物の帽子と同じように見える。素材が「竹、草（始原年代）」（ibid.：102）と金属の違いがあり、多様な説もあり不確定的であるが、笠形冠帽の特徴的な部分が見られる。なお、冠帽に鳥羽飾りの風俗は高句麗古墳壁画で多く見られ、百済と新羅にもあった（ibid.：126,129）と云う。これらは、古代の朝鮮文化を反映した服飾とも見える。

5）双髻

「申」の人物は頭に二つの髻を結っている（図3.）。「頭上に双髻」の髪形は日本のものではない（橋本　1998：19-21）。この図のような髪形、つまり前髪をY角に左右二つにまるく束ねて結ぶ髪型は古代の中国に見られる。最も早い例だと戦国時代の墓から出土した玉製児童像に見られ、後の東晋、魏晋南北朝、北魏、北斉の各時代の図巻や石刻などから、この髪形がみられる（沈・王　1995：61-63、194-199）。同じく、上代朝鮮にもあり、高句麗の壁画に同様の髻髪で冠帽を被った騎馬人物が描かれている（李　1998:128、金・金井塚　1998:66）（図4.）。また、高句麗の壁画には6種の髻の様相が見られ、その内の一つにこの形、つまり「頭の左右の頂辺近くに2個の髻頭を聳立させているもの」（李　1998:207）がある。

騎馬で鳥を手に掲げる：「申」の人物は右手に鳥を掲げている。騎馬で鳥を手に掲げているのは鷹狩が予想される。右手に鷹を掲げる唐代の狩人（鷹匠）の図が「敦煌壁画」や「西岳降霊図」のなかにみられる（ibid.：225-228）。日本における鷹狩は朝鮮半島経由でもたらされ、天皇や貴族の遊戯として盛んに行われた（「出典」⑦参照）。後の戦国時代以降は武人に流行した。この図は、日本人の服装とは趣が異なる。大陸の服飾と鷹を描いている図ではないか。

2．『癘瘡千金寶』の病馬絵図、服飾考

病馬絵には4人の人物が描かれていて、その内の「戌」の服装は、日本の平安時代の装束である。また、「申」「未」の二人の着物や「双髻」「笠形冠帽」は北方民族・朝鮮族・

高句麗以前の服飾姿と見られる。これは、『瘟疫千金宝』の馬絵が朝鮮半島文化と関係があるらしいことを物語っている。絵師による挿画は写本が繰り返される内に原本の絵は描き替えられるものもあったであろう。異文化の服飾は自国の服飾が描かれるようになり、また、自国の新しいものが書き加えられる傾向が生ずるだろう。その中で、古代朝鮮文化の特徴が明確に描かれた部分（双髻・笠形冠帽・袴・靴など）は残った、ということが考えられる。

図1.「未の日」祟神の図

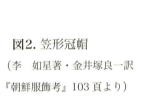

図2. 笠形冠帽
（李　如星著・金井塚良一訳
『朝鮮服飾考』103頁より）

図3.「申の日」祟神の図

図4.
（上）（下）騎馬人物―高句麗　舞踊塚玄室左側壁狩猟図
（金文子著・金井塚良一訳『韓国服飾文化の源流』66頁より）

まとめ・考察

　表題の『馬宇三蔵大士妙傳　癭癰千金宝』は、唐代初期の玄奘三蔵や中国古書『千金方・千金翼方』に肖って付けたものと云える。

　『癭癰千金宝』における病因は全て祟神に因る「十二日方位祟神所在」の観念である。中国古書④『千金翼方』に祟神は記されていないが、④『千金翼方』の「十二日人神所在」「十二時人神所在」に肖っているようにも見える。なお、日本の馬医古書（⑪1267年以降）において、病馬の病因となる祟神の観念は見られないので、日本の⑪⑬⑮⑯馬医古書の中では特異的である。

　『癭癰千金宝』における12の病名については、日本の18世紀以降の⑯万病馬療鍼灸撮要』に「大風」「はや風」の2病名が見られる以外は、不明であった。

　『癭癰千金宝』における対処法は加持祈禱、本草、鍼灸が為される。加持祈禱法には『鷹経』「古方」にある呪法と類似した対処法も見られる。祟神に対する加持祈禱中心の馬療は日本の「馬医古書」に見られない。祟神には日本の土宮神、荒神、山神、水神なども見られ、日本の「諏訪大明神」、また浄土真宗や真言宗の奉誦・唱えも記されている。対処法の本草については、『癭癰千金宝』中に在る本草の全てが（2、3の不明を除き）中国古典の②『神農本草経』、④『千金翼方』に在る。『癭癰千金宝』の人体本草「開の毛」「ギョク門の毛」は、日本の「馬医古書」には見当たらない。また、『癭癰千金宝』で酒、酢、塩は内服薬として用いられ外用処方が無いが、日本の「馬医古書」では酒、酢、塩の内服処方の無いものもあり、外用が目立つ。以上については、『癭癰千金宝』は日本の馬医古書と異なる。また、本草についてはAとBのそれぞれの地域の差異が見られた。

　対処法の鍼灸は経穴に処される。『癭癰千金宝』の6経穴の内の「百会」「雲門」が最古の鍼灸専門書である『甲乙経』にあるが、その他の4経穴名は不明である。「雲門」については日本の馬医古書では⑮『良薬馬療弁解』以降に見られる。

　病馬絵図の服飾については、日本には馴染みのない服飾や人物が描かれている。「双髻」「笠形冠帽」の服飾は北方民族・朝鮮族・高句麗以前の服飾姿と思われるものである。一方でまた、日本の平安、室町時代の烏帽子・狩衣装束の騎馬武者も描かれている。

　以上の結果から次の事柄が推察される。

　『癭癰千金宝』は古代中国古典に因っている。表題の「千金宝」や病因の「十二支方位祟神」は、鎌倉時代に宋から入ってきた「千金方・千金翼方」の知識に因る。また、対処法の本草は殆ど『神農本草経』『千金翼方』に因っている。加持祈禱、鍼灸についても、古代中国古典に因る知識が記されている。だが、一方で、日本固有の知識・文化（近世の地域神や土着信仰など）が記されている。つまり、『癭癰千金宝』には、鎌倉時代に起源の「中国古典」の知識と近世以降の「地域」の知識の混在が示されている。これは、鎌倉時代起源の元本が存在し、その上に近世以降の新たな知識が加筆されていると推察できる。

Ⅲ章　『癭癰千金寶』の表題、病因、病名、対処法、病馬絵図　　71

なお、馬医学史から見たとき、『癘癀千金宝』に記されている中国古典知識が日本の「馬医古書」には見られない部分も在る。このことは、『癘癀千金宝』が現在確認されている日本の「馬医古書」とは別の系統の書である。また『癘癀千金宝』には、地域の土着神や「追記」にある仏教や修験信仰と関わる記事から、修験者の関わりが示唆される。

また、AとBの比較の中から各地域の差異が見えた（Ⅰ章、Ⅱ章においても）が、この差異は、AとBそれぞれの著者（写本者）を通して、その地域の宗教、歴史社会も見えてくる。なぜ、『癘癀千金宝』甲州（A）と武州（B）に類似本が存在したのだろうか。『癘癀千金宝』刊行は昌久寺開基の1600年以降の何時になるのか。1600年以降の昌久寺刊行はいかにして実現されたか、元本（『馬症千金宝』「本文」に該当する）が1600年以前に存在したとすると、この元本は中世の時代に遡る。

これらの考察と疑問を基に地域における馬の歴史と馬療・宗教・歴史社会について見て行こう。

注

1）馬鳴（メミョウ）は、本来はカニシカ王（2世紀）の時代の仏教詩人・哲学者アシュバゴーシャのことである。馬の守護神で馬明菩薩、馬鳴菩薩、蚕神ともいう。

2）道教に関係する「急々如律令」の呪文は平安時代の出土木簡にも見られる。以下6）も参照。

3）江戸時代に書かれた馬療秘伝書や『馬醫書』（山梨県立博物館蔵　市川家文書など）中にも「急々如律令」の呪いが多々見られる。以下6）も参照。

4）多数の⑧『日本国見在書目録』の中には若干の和書が紛れ込んでいて、「新修鷹経」もその一つと指摘されている（太田晶二郎　1992:65）という。
　当時において貴重な宝物でもあった鷹と馬の病気の対処法には最高・最先端を施与したであろう。

5）十干の起源は殷代にあり戦国時代に陰陽五行と結びつき、秦代に動物名と結びつき（出土木簡に十二支の動物名が発見）、十二支が方位と結合するのは漢代、十干・十二支が現在と同じく揃うのは後漢以降であろうと云われる（三浦国雄・薮内清「干支」『世界大百科事典』平凡社　2003）。このことが1600年以降刊行した『癘癀千金宝』の由来と直接関わることはない。

6）「急々如律令」は、古代中国の民間信仰を集大成した道教的信仰に関する呪文である。日本古代の平城京、伊場、多賀城の各遺跡からも「急々如律令」の呪符木簡が発見されていて、それらを検討の結果、道教的信仰は6世紀以降に百済、新羅、唐から日本へ入って来ていることが考察されている（和田　1995：151-213。木簡学会編　2003）。

7）何を以て「病名」としたかを範疇に分類すると以下のようである。
　・症状による：「結馬（便秘）」「尿結（排尿困難）」「きんきう（筋休・こむらがえり）」「ふうせい・風旋（喘息）」「鼻血、下血」など。また、「震乱（激しい下痢・嘔吐の主症状が急激・同時に起こるもの）」など。
　・部位による：病態の際立った部分をもって云う場合で殆ど前者と重なり厳密に区別はでき難いが、「息つまる、息きれ」「盲眼（白眼になり閉眼）」「筋の病」「腹病」など。
　・原因による：虫腹、手負い、打ち身など。

・程度による：重症で死に瀕している状態は「大事也」「大切也」「ときつきたる馬（手遅れの馬）」「タフル（倒る？）」「死病」など。

・行為による：例えば、「ねひき・根引き」は化膿した腫物の排膿に際し排出・引き出されるものが草木の根様であり、この種の病では必ず行う行為、つまり「根引き」を以て云うもの。

8）『新訂和漢薬』に「玉門」の記載は無く漢名は「陰毛」とある。『和名類聚抄』（931-938）には「玉門　房内経云女陰名也　楊氏漢語抄伝」（前田本　巻2）とある。

9）人体薬用についてみると、⑪⑬⑮⑯「馬医古書」に毛髪の処方は無い。身体部の処方は排泄物についてのみ⑬『馬医巻物』に「人之ふん」、⑮『良薬馬療弁解』に「生子の糞」、⑯『万病馬療鍼灸撮要』に「女の尿をのませる」が記されている。

10）経穴名については歴史的経過の中での変遷があり、異名や複数の呼称、中国に在るが日本にないもの・その逆のもの、現在では不明のものなどが指摘されている（丹波・槇　2002　巻2A・B）。『甲乙経』にある百会、雲門の穴（李・天津中医学院　1989：215-282）は人が対象であるから馬とは異なる。人の鍼灸から後に馬に適応されて行った。従って、馬医術の発展に伴い新たな馬の経穴名が生まれたであろう。

文献（刊行順）

・服部敏良　1945『奈良時代医学の研究』東京堂

・服部敏良　1964『鎌倉時代医学史の研究』吉川弘文館

・石原　明　1974「『千金方』おぼえがき」『漢方医学の源流―千金方の世界をさぐる』千金要方刊行会

・赤松金芳　1980　『新訂　和漢薬』医歯薬出版株式会社

・服部敏良　1988『平安時代医学史の研究』吉川弘文館

・庄司淺水　1989『本の五千年史―人間とのかかわりの中で』東京書籍株式会社

・魯　桂珍・ニーダム、橋本敬造・宮下三郎訳　1989『中国のランセット―鍼灸の歴史と理論』創元社

・李　丁・天津中医学院　1987『鍼灸経穴辞典』東洋学術出版社

・槇　佐知子　1992『全訳精解大同類聚方』第一巻（用薬部の一）　新泉社

・沈　従文・王　予　編著　1995『中国古代の服飾研究　増補版』京都書院

・和田　萃　1995『日本古代の儀礼と祭祀・信仰　中』塙書房

・小曽戸　洋　1996『中国医学古典と日本―書誌と伝承』塙書房

・白水完児　1996「解題」『日本農書全集60　畜産・獣医』農山漁村文化協会

・李　如星著・金井塚良一訳　1998『朝鮮服飾考』三一書房

・橋本澄子　1998『日本の髪形と髪飾りの歴史』源流社

・金　文子著・金井塚良一訳　1998『韓国服飾文化の源流』勉誠出版

・山田慶兒　1999『中国医学はいかにつくられたか』岩波新書

・小曽戸　洋　1999『漢方の歴史―中国・日本の伝統医学』大修館書店

・槇　佐知子　1999『日本の古代医術―光源氏が医者にかかるとき』文藝春秋

・丹波康頼撰・槇　佐知子全訳精解　2002『医心方』巻三（風病篇）筑摩書房

・木簡学会編　2003『日本古代木簡集成』東京大学出版会

・小淵沢町誌編纂委員会編　2006『小淵沢町誌』小淵沢町
・丹波康頼撰・槇　佐知子全訳精解　2008『医心方』巻二（鍼灸篇）筑摩書房

Ⅳ章

『瘋癀千金寶』と陰陽五行理論

はじめに

『瘋癀千金宝』においては「子の日の病馬は土宮神の祟りなり、鬼神の祟りなり」「丑の日の病馬は丑の方の祟神なり」など記されているが、十二支病日[1]と祟神は如何なる関係や論理があるのか。また、病馬の対処法の「米一合」「一枚」「一巻」、「2盃」「三升」「七把」などの数に意味・論理があるのか、また、本草の「雉の毛」「兎の毛」「桃の木」「桑の木の根」、「焼き」「灰にする」など、どのような効能の意味・論理があるのか。あるいは、これらは"呪い"の類なのか、「五行理論」に似せただけのものなのかなど、疑問を抱いた。

病馬や対処法について検討した結果、それらは中国古来の陰陽五行哲理に基づいていることが明らかになった。以下では、まず、「五行原理」の概要を記してから、次に『瘋癀千金宝』の五行理論を見て行く。

一節　陰陽五行の哲理

1．陰陽五行

　陰陽五行は、古代中国に起源をもつ哲理である。一切の万物は原初の混沌状態から、陰・陽二気によって生じた。陰・陽二気が交感・交合し、「混沌」の中から光明に満ちた「陽」の気が上昇して「天」となり、次に「陰」の気が下降して「地」となった。陰・陽二気が交感・交合の結果、天上では、太陽（日）と太陰（月）、そのほか木星・火星・土星・金星・水星の五惑星をはじめ、諸々の星が誕生し、一方、地上には木・火・土・金・水の五元素、あるいは五気が生じた。この五元素・五気を五行という。「行」は、動くこと、廻ること、作用を意味する。つまり、五元素・五気の循環・作用が五行である。

　五行には、「理」即ち「法則」がある。以下。
（1）**相生の理**：「木生火」「火生土」「土生金」「金生水」「水生木」の理をいう。「相性」とは、木・火・土・金・水の五元素・五気が順送りに相手を生み出していくプラスの関係で、無限に循環する。
（2）**相剋の理**：「木剋土」「土剋水」「水剋火」「火剋金」「金剋木」の理をいう。「相剋」とは、木・火・土・金・水の五元素・五気が順送りに相手を剋してゆくマイナスの関係で、無限に循環する。
　　　木・火・土・金・水の五元素は互いに相性・相剋して輪廻する。
（3）**五行の配当**：木・火・土・金・水の五元素は宇宙の万象に還元され・配当されている。宇宙の万象、つまり色彩・方位・季節・時間・惑星・天神・人間精神・徳目・内臓・十干・十二支などを象徴するもの。五行の配当を一覧表にしたものが五行配当表である。
（4）**十干**：原初宇宙の「混沌」（「太極」とも云う）から「陰陽」二気が生じ、この二気から木・火・土・金・水の五気が生じ（前述）、五気はさらに「兄弟」の陰陽に分かれる。例えば木気は木の兄（甲）、木の弟（乙）に、火の兄（丙）、火の弟（丁）に分化する。このようにして、甲・乙・丙・丁・戊・己・庚・辛・壬・癸の「十干」となる。陽の兄の本質は剛強・動、陰の弟の本質は柔和・静。そして、十干の各字は、その中に万象の循環する象徴的意味を内蔵している。ここでは、意味は省略する。
（5）**十二支、年**：十二支は、天上の木・火・土・金・水の五惑星の中で最も尊重された木星の運行に拠る。木星の運行は12年で天を1周する（厳密には11.86年）。つまり、木星は1年に12区画の中の1区画ずつを移行し、その所在は十二次によって示される。
　　　木星は太陽や月とは逆に（時計廻りと逆）西から東に向かって移動するので、木星の反映の仮の星「太歳」を設けて時計と同じように東から西へ移動させることにした。この「太歳」の居処が、子・丑・寅・卯・辰・巳・午・未・申・酉・戌・亥の十二支

である。つまり、十二支は木星と反対方向に同じ速度で巡る「太歳」の居処につけた名称である。「太歳」が寅の処に居る年は寅年、卯の処に居る年は卯年となる。

木星と「太歳」の分岐は「寅」のはじめの処である。「太歳」が寅に居て寅年のとき、木星は丑にいる。

十二支は、年だけでなく、月、季節、日、時刻、方位にも配当される。(図5.)

（6）十二支と月、土用、春秋夏冬：木・火・土・金・水の五気のうち、木・火・金・水の四気が四季に配当され、十二支が12ヵ月に割り当てられる。木気の春は、1月（寅）・2月（卯）・3月（辰）、火気の夏は4月（巳）・5月（午）・6月（未）、(図5.)の如くである。そして、1月寅は春の生気、2月卯は春真っ盛りの旺気、3月辰は晩春の墓気となる。火気の夏、金気の秋、水気の冬も同様に生、旺、墓の循環をめぐる(図5. 表7.)。

土気は春秋夏冬の四季節のおわりの18日間を占める。土気の配当されている期間が「土用」で、十二支でいえば、辰・未・戌・丑の各月の中にある（図5. 表7.）。

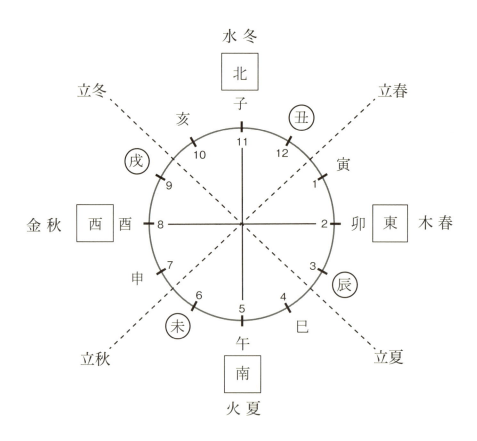

図5. 五気、四季、方位、十二支、月 (旧暦※算用数字)

（土気は丑辰未戌の中にあり四季の終わりの18日間を占める）

（7）十二支と時刻：夜半23時から翌1時までの2時間が「子刻」、1時から3時までが「丑刻」（2時は草木も眠る「丑満刻」）、3時から5時が「寅刻」、5時から7時「卯刻」、7時から9時が「辰刻」、9時から11時が「巳刻」、11時から13時が「午刻」、13時から15時が「未刻」、15時から17時が「申刻」、17時から19時が「酉刻」、19時から21時が「戌刻」、21時から23時が「亥刻」となる。

（8）十二支と方位：正北を「子」、正東を「卯」、正南を「午」、正西を「酉」とし、この北・東・南・西の間で東北の隅には「丑・寅」、東南には「辰・巳」、南西には「未・申」、西北には「戌・亥」が配される（図5.）。

（9）十二支象意：十二支の12文字が示す象意は、十干と同様に、植物の発生・繁茂・伏蔵の輪廻である（ここでは、十二支の象意は省略する）。

（10）十干と十二支の結合、結合の法則：十干の「干」は「幹」、十二支の「支」は「枝」で、「幹枝」を意味する。十干と十二支の組み合わせは「六十花甲子」と呼び、甲子にはじまり癸亥に終わるが、この一巡は60年である。

十干と十二支の結合では、陽干と陽支、陰干と陰支に限って結合する法則がある。甲子、乙丑、丙寅、丁卯、戊辰、というように結合する。甲丑、乙子などはありえない。

（11）三合、三合の理：宇宙の事象には栄枯盛衰があり、輪廻転生を循環する。それを、陰陽五行では、「生・旺・墓」の三語・三合で表現する。「生・旺・墓」の原理は、一年の春（木）・夏（火）・秋（金）・冬（水）の中にもある。春・木気・1月（寅月）は生、2月（卯月）は旺、3月（辰月）は墓のようになる（図5.図6.）。「生・旺・墓」の理は、一季節を越え、三つの季節に互っても考えられるもので、三つの季節に互るこの原理を「三合の理」という。例えば、水気は「冬」で、亥10月・子11月・丑12月の3ヶ月であり、亥10月を「生」、子11月を「旺」、丑12月を「墓」とするが、これを「三合の理」で見ると、水気・「冬」は亥・子・丑の3ヶ月に限らない。水気・「冬」は、既に申月（旧7月）に見え、子月（旧11月）に壮になり、辰月（旧3月）に漸く終わる。この申・子・辰の三支は水気の「生・旺・墓」であり、三支は合して水気一色となる。これが、水気の「三合の理」である。つまり、水気の三合は、申（生）・子（旺）・辰（墓）であり、7月（秋）・11月（冬）・3月（春）の三気にわたる。同様に火気の「三合の理」は、寅（生）・午（旺）・戌（墓）で三支は合して火気一色となる。木気の「三合の理」は、亥（生）・卯（旺）・未（墓）で三支は合して木気一色となる。金気の「三合の理」は、巳（生）・酉（旺）・丑（墓）で三支は合して金気一色となる（図6.）。

土気の三合は午（生）・戌（旺）・寅（墓）で三支は合して土気となる。そして、土気の三合は火気の三合（寅午戌）に重なるが、その順が異なり、午（生）・戌（旺）・寅（墓）になる。火気は午・夏・5月が（旺）であるが、土気はそれに対して戌・秋・9月が（旺）になる（図6. 参照）。

IV章　『癘瘡千金寶』と陰陽五行理論　　　79

図6. 三合の理

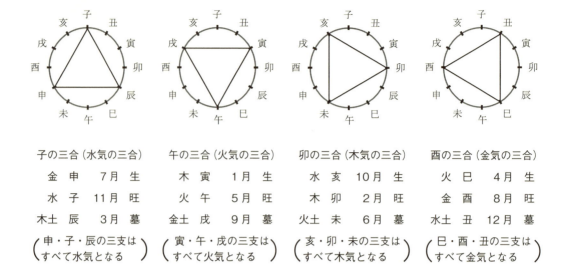

2．五行配当表

　五行配当とは前述（3）で記したように、五行原理に因る万物の事項が木・火・土・金・水の五行（五気・五元素）のそれぞれ何に対応しているかを記したもので、五行配当表はそれを一覧にしたものである。
　『瘖癊千金宝』に記されて在る諸事項を五行原理を基に検討すると次の如くである。

二節　『瘖癊千金寶』における五行理論

1．『瘖癊千金宝』と「五行配当表」

　『瘖癊千金宝』における馬の病日、病因の方位祟神、そして対処法の加持祈禱、本草、鍼灸などに記された諸事項を五行配当表に示す（表7.）。
　ここで、「五行配当表」について断って置かなければならない課題が在る。それは、「五行配当」は出典による差異が見られることである。『瘖癊千金宝』の五行配当表（表7.）は主に『淮南子』『黄帝内経』に因り、また、本草等の事例については『陰陽五行と日本の民俗』『日本古代呪術』（吉野　1984、1994）や『中国薬膳学』（1985）に因った。この際、出典により配当に差異が見られ、これについては今後の研究課題である。殊に本草に係わる五穀の配当表では一部多様性が見られる。この件については、文末の（補遺・課題）「五行配当表」の多様について——『瘖癊千金寶』と「五行配当表」——において記しておく。

表7.『瘡瘄千金寶』五行配当表

五行	木	火	土	金	水
十干	甲乙	丙丁	戊己	庚辛	壬癸
十二支	寅・卯・辰	巳・午・未	辰・未・戌・丑	申・酉・戌	亥・子・丑
月（旧）	1月・2月・3月	4月・5月・6月		7月・8月・9月	10月・11月・12月
（各月の気）	（生・旺・墓）	（生・旺・墓）		（生・旺・墓）	（生・旺・墓）
五色	青	赤	黄	白	黒
五方	東	南	中央	西	北
五時	春	夏	土用	秋	冬
五管	目	舌	口	鼻	耳
五華	爪	面色	唇	毛	髪
五味	酸	苦	甘	辛	鹹
五禁	辛	鹹	酸	苦	甘
五穀（淮南子）	麦	稲	禾	黍	
○印は 吉野（1984） の事例も参考	米○ 桑の木○ 蛇 米酢・酢 まゆみの木 桃の木の葉 おんばこの葉 杏 またたび おもと あらるか？ ひるも？ いのこづち ※木、葉	りろうし よもぎ（温） 桃仁（平） ※馬（午）は火 　の旺気、赤	鮎（鮎のうるり）○ 米、小豆（平） 人参 茯苓 麦門冬 桑白皮 海老づるの根 ※ヌルヌルした 　もの	栗○ 桃○ 赤鶏○ 胡椒 生姜 酒（昆布の酒） 梨 ネギ 十薬・どくだみ おんばこの実 毛（ひとの毛・ 開の毛、雉、鶴、 兎、鴨） 鼈甲（骨・硬い） ※雉・犬（金畜） 　堅い・丸い・ 　豆果実は六白 　金気。	大麦 昆布 鯉の頭の黒焼き ※水、黒
天の数	三	七	五	九	一
地の数	八	二	十	四	六

２．病馬の「十二日方位祟神所在」と五行原理

　馬の病日・方位・祟神は五行原理に一致する。それは、次の分析検討から明らかになった。即ち、子の日の病馬で見ると、子の日は「水旺」、方位は「北」、祟神の鬼神は「水旺」となる。丑の日の病馬でみると、丑の日は「水墓、土」、方位は「北」、祟神は「水墓、土」となる。以下、寅から亥についても同様に五行原理に因る。次で見ていこう（表8.）。

　なお、方位（東・西・南・北、丑の方・寅の方）表記とは異なる鬼神、土宮神、荒神、山神、水神については後述する（三節）。

IV章　『瘡瘄千金寶』と陰陽五行理論　　81

表8.『癙瘶千金寶』病馬の「十二日方位祟神所在」と五行原理

病馬		祟神			
十二日	五行　（方位）	方位	（十二支）五行	三合	
子	水旺　　　　（北）	鬼神・土宮神	（鬼神・子）　水旺	子の三合（申子辰）金　水旺　木	
丑	水墓　土（北）	丑の方神	（丑）　　　水墓　土	丑は酉の三合（巳酉丑）では金	
寅	木生　　　　（東）	寅の方神	（寅）　　　木生	寅は午の三合（寅午戌）では火	
卯	木旺　　　　（東）	東の方神	（寅卯辰）木旺　土	卯の三合（亥卯未）水　木旺　火	
辰	木墓　土（東）	北の方神	（亥子丑）水　土	子の三合（申子辰）金　水　木墓	
巳	火生　　　　（南）	西の方神	（申酉戌）金　土	酉の三合（巳酉丑）火生　金　水	
午	火旺　　　　（南）	南の方荒神	（巳午未）火旺　土	午の三合（寅午戌）木　火旺　金	
未	火墓　土（南）	東の方神	（寅卯辰）木　土	卯の三合（亥卯未）水　木　火墓	
申	金生　　　　（西）	北の方神	（亥子丑）水　土	子の三合（申子辰）金生　水　木	
酉	金旺　　　　（西）	西の方荒神	（申酉戌）金旺　土	酉の三合（巳酉丑）火　金旺　水	
戌	金墓　土（西）	東の方山神	（寅卯辰）木　土	卯の三合（亥卯未）水　木　火※金旺	
亥	水生　　　　（北）	水神	（亥子丑）水生	子の三合（申子辰）金　水　木	

１）「日による病馬の気」「十二日方位の気」「祟神の気」

　病日と祟神の関係を見ると、病日・方位・祟神の気は一致している。その日の病馬の気は方位祟神の中に必ず同じ気が存在している。祟神が複数に互るとき、その内の一つは病馬の気と同じである（表8.）。つまり、病馬はその日（十二支・十二日）の方位神の祟りに因ることが示されている。次のようである。

子（水旺）の日の病馬は「鬼神　土宮神」の祟りなり。「鬼神」は（水旺）である。

丑（水墓　土）の日の病馬は「丑の方神」の祟りなり。「丑」は（水墓　土）である。

寅（木生）の日の病馬は「寅の方神」の祟りなり。寅は（木生）である。

卯（木旺）の日の病馬は「東の方神」の祟りなり。東（寅卯辰）の卯は（木旺）である。

辰（木墓、土）の日の病馬は「北の方神」の祟りなり。北（亥子丑）の丑は（土）であり、また、子の三合(申子辰)の辰（木墓）がある。

巳（火生）の日の病馬は「西の方神」の祟りなり。西（申酉亥）に巳は無いが、酉の三合（巳酉丑）は巳(火生)である。

午（火旺）の日の病馬は「南の方荒神」の祟りなり。南（巳午未）の午は（火旺）である。

未（火墓　土）の日の病馬は「東の方神」の祟りなり。東（寅卯辰）の辰は（土）であり、卯の三合（亥卯未）は未（火墓）がある。

申（金生）の日の病馬は「北の方神」の祟りなり。北（亥子丑）に申は無いが子の三合（申子辰）は申（金生）がある。

酉（金旺）の日の病馬は「西の方荒神」の祟りなり。西（申酉亥）の酉は（金旺）である。

戌（金墓　土）の日の病馬は「東の方山神」の祟りなり。東（寅卯辰）の辰は（土）である。

土三合（午戌寅）の戌は金旺である（表8.※）。

亥（水生）の日の病馬は「水神」の祟りなり。水（亥子丑）の亥は（水生）である。

２）祟神の気は複数

十二日（十二支による日）の病馬はその日の方位神の祟りに因る。祟神は複数に互る。

以下、病馬の病因となる複数の祟神・気について見ると以下の如くである（表8.）。

子：子（水旺）の日の病馬は、鬼神（水旺）の祟りに因る。子（水旺）の三合は（申金生・子水旺・辰木墓）であり、申子辰・（金　水　木）に互る。因って、子の日の病馬の祟神は（水旺）および（金）（木）である。

丑：丑（水　土）の日の病馬は、丑の方神（水　土）の祟りに因る。丑は酉の三合（巳酉丑）では（金）である。因って、丑の日の病馬の祟神は（水）（土）および（金）である。

寅：寅（木）の日の病馬は、寅の方神（木）の祟りに因る。寅は午の三合（寅午戌）では（火）である。因って、寅の日の祟神は（木）および（火）である。

卯：卯（木旺）の日の病馬は、東の方神（木旺　土）の祟りに因る。(木)・卯の三合（亥卯未）では（水　木　火）に互る。因って、卯の日の祟神は（木旺）（土）および（水）（火）である。

辰：辰（木、土）の日の病馬は、北の方神（水、土）の祟りに因る。（水）・子の三合（申子辰）では（金　水　木）に互る。因って、辰の日の祟神は（水）（土）および（木）（金）である。

巳：巳（火）の日の病馬は、西の方神（金　土）の祟りに因る。（金）・酉の三合（巳酉丑）では（火　金　水）に互る。因って、巳の日の祟神は（金）（土）および（火）（水）である。

午：午（火旺）の日の病馬は、南の方（火旺、土）荒神 の祟りに因る。（火）・午の三合（寅午戌）では（木　火　金）に互る。因って、午の日の祟神は（火旺）（土）および（木）（金）である。

未：未（火　土）の日の病馬は、東の方神（木　土）の祟りに因る。（木）・卯の三合（亥卯未）では（水　木　火）に互る。因って、未の日の祟神は（木）（土）および（火）（水）である。

申：申（金）の日の病馬は、北の方神（水　土）の祟りに因る。（水）・子の三合（申子辰）では（金　水　木）に互る。依って、申の日の祟神は（水）（土）および（金）（木）である。

酉：酉（金旺）の日の病馬は、西の方（金旺　土）荒神の祟りに因る。（金）・酉の三合（巳酉丑）では（火　金　水）に互る。因って、酉の日の祟神は（金旺）（土）および（火）（水）である。

戌：戌（金　土）の日の病馬は、東の方（木　土）山神の祟りに因る。（木）・卯の三合（亥卯未）では（水　木　火）に互る。土気三合（午火、戌金、寅木）では戌は金旺である。※次の3) 土気について参照。因って、戌の日の祟神は（木）（土）および（金）（水）（火）全気に互る。

亥：亥（水）の日の病馬は、水神（水）の祟りに因る。（水）・子の三合（申子辰）では（金　水　木）に亙る。依って、祟神は（水）および（金）（木）である。

３）土気について

辰・丑・戌・未の各月の内に土気が含まれる（土気は両儀性）。なお、土気の三合は火気三合（木寅生・火午旺・金戌墓）に重なり合うが、順が違っていて火午生、金戌旺、木寅墓である。それで、火気三合（寅午戌）の戌は（金墓）であるが、土気三合での戌（金旺）９月に極まる。

以上、病日の十二支・五行・五気は祟神の方位の十二支・五行・五気に含まれる。つまり、病はその日の気（五行）の方位に在る神の気（五行）の祟りに因る（表8.）。

３．『癉瘰千金宝』の病因・対処法と五行原理

病馬の病因はその日の方位に在る神の祟り（十二日方位祟神所在）に因ることが明らかであった（上記）。次に対処法の五行原理について見ていこう。（**表7. 表8. 参照**）。まず、病日、祟神および対処の五行原理を記し、その後に対処法の記述内容を見る。

１）子
病日：子の日（水旺）の病馬（火）
祟神：土宮神・鬼神（水旺）。鬼神（水旺）は三合の理では（金）（水）（木）に至る。
　　　※土宮神は後述。
対処：祟神の（水旺）（金）（木）を（**土剋水**）（**火剋金**）（**金剋木**）の理で制圧、相剋、なだめ奉り、病馬（火）を扶ける。（**火生土**）（**木生火**）（**土生金**）は助人になる。

［加持祈禱］
　　「米一合紙一枚竹にはさみて東に向て心経一巻奉誦なり」について見ると、「米（土）一合一枚（水）竹にはさみて」は（**土剋水**）で祟神（水旺）を剋し、「東（木）に向かって心経一巻（水）奉唱なり」（**木生火→火剋金**）で祟神（金）を制しつつ「心経一巻（水）を奉り」祟神（水旺）を祀り畏敬を表しつつ制圧する。

［本草］
　　・「まゆみの木手一束に７把切手、水３升入れ１升になるように煎じて、塩２杯加えて１度に７盃かうべし」についてみると、「まゆみの木（木）（**木生火→火剋金**）で祟神（金）を制し、「手一束（水）に７把（火）切手水３升（木）」は祟神（水）を宥めながら（**水生木→木生火**）の理で（火）を制圧する（**火剋金**）。７把、２杯、７盃の数は共に（火）であり（**火生土→土剋水**）の理で祟神（水旺）を相剋する。
　　・人参（土）は、（**土剋水**）の理で祟神（水旺）を剋する。
　　・しょうが（金）は、（**金剋木**）の理で祟神（木）を制する。

［針、灸］
　　針灸（金）（火）は（**金剋木**）、（**火生土→土剋水**）の理で祟神を制す。

２）丑

病日：丑の日（水、土）の病馬（火）

祟神：丑の方神（水、土）、丑は酉三合で（金）でもある。

対処：祟神の（水）（土）（金）を（土剋水）（木剋土）（火剋金）の理で制圧、相剋、
　　　なだめ奉り、病馬（火）を扶ける。（火生土）（水生木）（木生火）は助人になる。

［加持祈禱］

「桃ノ木一尺八寸に切って弓にして上下に旗を付け彼の馬の上を三度なぜ川へ流す」
について見ると、桃の木（木）、弓（木）、三（木）は、（木剋土）の理で祟り神（土）
を制圧し、病馬（火）の上を撫ぜて（火生土→土剋水）祟神（水）を制し川へ流す。

［本草］

・蛇イチゴ（木）は（木剋土）の理で祟神（土）を剋す。

・塩（水）は（水生木→木剋土）で祟神（土）を相剋する。

・おもと（木）は（木剋土）で祟神を剋す。

・人参（土）は（土剋水）で祟神（水）を剋す。

・灸粉（火・土）は（火剋金）・（土剋水）の理で祟神（金）（土）を剋する。

・よき酒（金）に「2盃（火）づつ1度に5盃（土）づつ飼うべし」では祟神（水）
　（土）を酒（金）でなだめつつ（金生水→水生木）、「2盃（火）づつ1度に5盃（土）
　づつ（火剋金）（土剋水）の理で祟神（金）（水）を剋す。

［針、灸］

針（金）は（金生水）で祟神（水）をなだめつつ、灸（火）による（火剋金）で祟神
（金）を剋する。

３）寅

病日：寅の日（木）の病馬（火）

祟神：寅の方神（木）、寅は午の三合では（火）でもある。

対処：祟神の（木）（火）を（金剋木）（水剋火）の理で制圧、相剋、なだめ奉り、病馬
　　　（火）を扶ける。（土生金）（金生水）は助人になる。

［加持祈禱］

・「赤きもの（火）水に入れて飼うべし」は（水剋火）で祟神（火）を制す。
　「紙（白紙は金）を赤（火）そめ（火生土→土生金）にして、蛇（木）に作り馬の上
　3度（木）なで祟神（木）をなだめ奉りつつ、玉め（金）の方へ撫ぜる」は、（木生
　火→火剋金）（金剋木）で寅の方神（木）を制す。

［本草］

・開の毛（金）は、（金剋木）の理で祟神（木）を制す。

・鯉の頭の黒焼き（水）は、（水剋火）で祟神（火）を剋する。

・酒（金？）は、（金剋木）の理で祟神（木）を剋す。

［針、灸］

せんだん志しゆみかけの針（金）は（金剋木）で祟神（木）を制す。

４）卯

病日：卯の日（木旺）の病馬（火）

祟神：東の方神は（木旺、土）、卯の三合では（水、木、火）に亙る。

対処：祟神の（木旺）（土）（水）（火）を（金剋木）（木剋土）（土剋水）（水剋火）の
　　　理で制圧、相剋、なだめ・奉り、病馬（火）を扶ける。（土生金）（水生木）（火生
　　　土）（金生水）は助人になる。

［加持祈禱］

・「東の方へ向けて心経三巻誦し彼の馬を引向て立つべし」をみると、東（木）、心経三巻
　（木）は祟神（木旺）を奉りつつ（木剋土）の理で祟神（土）を制す。

〔本草〕

・兎の毛（金）灰（土）に焼き（金剋木）（土剋水）で、祟神（木旺）（水）を剋す。

・ドクダミ（木）、ふなわら（木）、柳の葉（木）は（木剋土）で祟神（土）を剋す。

・酒（金）は、（金剋木）で祟り神（木旺）を剋す。

・塩（水）は（水剋火）で祟神（火）を剋す。

［針、灸］

せんだん志しゆみかけの針（金）（金剋木）で祟神（木旺）を剋す。灸（火）すべし
（火生土→土剋水）で祟神（水）を制す。

５）辰

病日：辰の日（木、土）

祟神：北の方神（水、土）は三合では（金、水、木）でもある。

対処：祟神の（水）（土）（金）（木）を（土剋水）（木剋土）（火剋金）（金剋木）の
　　　理で制圧、相剋、なだめ・奉り、病馬（火）を扶ける。（火生土）（水生木）（木
　　　生火）（土生金）は助人になる。

［加持祈禱］

・「米三合ひねりにして光明真言女一へん唱へかの馬を玄関へまわしうつべし」につ
　いては、米（土）（土剋水）、三合（木）（木剋土）で祟神（水）（土）を制圧しつつ、
　光明真言二十一へん（水？）唱え祟神（水）を奉り宥める。

［本草］

・ひとの毛（金）、葱の白根（金）は（金剋木）で祟神（木）を制する。

・おんばこ（木）は（木剋土）で祟神（土）を制する。

［針、灸］

針（金）は（金剋木）、灸（火）は（火剋金）で祟神（木）（金）を制する。

６）巳

病日：巳の日（火）の病馬（火）

祟神：西の方神（金、土）、酉の三合では（火、金、水）に亙る。

対処：祟神（金）（土）（火）（水）を（火剋金）（木剋土）（水剋火）（土剋水）の
　　　理で制圧、相剋、なだめ奉・奉り、病馬（火）を扶ける。（木生火）（水生木）（金生

水）（**火生土**）は助人になる。

〔加持祈禱〕

・「此の方にある丘に馬を引き回し志とぎ五つ作るなるべし」については、丘（金）に（**金生水→水剋火**）で祟神（火）を制しつつ馬（火）をひきまわし（**火剋金**）で祟神（金）を制圧する。「志とぎ〈水で磨いだ洗米〉（水、土）五つ（土）作るなるべし」（**水生木→木剋水**）（**土剋水**）で祟神（土）（水）を制する。

〔本草〕

・蛇（木）もぬけを灰（土）に焼き（火）は、（**木剋土**）（**火剋金**）で祟神（土）（金）を剋す。

・よき酒（金）にて飼うべし（**金生水→水剋火**）で祟神（火）を相剋す。

・りろうしは（苦い・火）は（**火剋金**）で祟神（金）を剋す。

・まろすげの毛（火）は（**火剋金**）で祟神（金）を剋す。

〔針、灸〕

針（金）は（**金生水→水剋火**）、灸（火）は（**火剋金**）で、祟神（火）（金）を剋する。

7）午

病日：午の日（火旺）の病馬（火）

祟神：南の方荒神－南の方（火旺、土）荒神、午の三合では（木、火、金）に亙る。

　　　※荒神は後述

対処：祟神（火旺）（土）（木）（金）を（**水剋火**）（**木剋土**）（**金剋木**）（**火剋金**）の理で制圧、相剋、なだめ・奉り、病馬（火）を扶ける。（**金生水**）（**水生木**）（**土生金**）（**木生火**）は助人になる。

〔加持祈禱〕

・「志とぎを作り奉るべし。三日過て大事あり」について見ると、志とぎ〈水で磨いだ洗米〉（水）（土）は（**水剋火**）（**土生金→金剋木**）で祟神（火旺）（木）を奉りつつ剋す。三日（木）過ると（**木生火**）で病馬（火）を助長し重症化にいたる。「祟神（火旺）、発病日（火旺）の午（火旺）の３日目（木）は（**木生火**）の理で（火）が重複・助長され、「三日過で大事あり」「三日へぬれば大事成」となる。

〔本草〕

・どくだみ（金）は（**金剋木**）で祟神（木）を制する。

・桑の木の根（木・土）は（**木剋土**）・（**土生金→金剋木**）で祟神（土）（木）を剋する。

・栗（金）は（**金剋木**）で祟神（木）を制する。

・黒豆（水・金）は（**水剋火**）・（**金剋木**）で祟神（火旺）・（木）を制する。

・うつぎの木の甘皮（金）は（**金剋木**）で祟神（木）を制する。

・酒（金）にてかうべし、（**金剋木**）で祟神（木）を制する。

〔針、灸〕

針（金）は（**金剋木**）、灸（火）は（**火剋金**）で祟神（木）（金）を制す。

　　　※Ａは灸無し。

8）未

病日：未の日（火、土）の病馬（火）

祟神：東の方神（木、土）、卯の三合では（水、木、火）に亙る。

対処：祟神（木）（土）（水）（火）を（金剋木）（木剋土）（土剋水）（水剋火）の理
　　　で制圧、相剋、なだめ・奉り、病馬（火）を扶ける。（土生金）（水生木）（火生
　　　土）（金生水）は助人になる。

［加持祈禱］

　　・「此の方に向かって奉るべし」については、此の方・東（木）・祟神の方に向かって
　　　祟神（木）を奉る、そして「白きものを水にたててかうべし」で、白きもの（金）
　　　を水にたては（金剋木）（水剋火）の理で祟神（木）（火）を剋する。

［本草］

　　・鴨の毛（金）（※鴨海老根）は（金剋木）で祟神（木）を制する。

　　・えびづるの根（土？）は（土剋水）で祟神（水）を制する。

　　・ふくりゅう（土）は（土剋水）で祟神（水）を制する。

　　　※いのこづち（土・金）は（土剋水・金剋木）で祟神（水）（木）を制する。

　　・「こしつ（濾過）いつれも何れ毛細末にして」は、（水剋火）で祟神（火）を制する。

　　・酒（金）にてかうべし（金剋木）の理で祟り神（木）を制する。

［針、灸］

　　針（金）（金剋木）、灸（火）（火生土→土剋水）で祟神（木）（水）を制する。

9）申

病日：申の日（金）の病馬（火）

祟神：北の方神（水、土）、子の三合では（金、水、木）でもある。

対処：祟神（水）（土）（金）（木）を（土剋水）（木剋土）（火剋金）（金剋木）の理
　　　で制圧、相剋、なだめ・奉り、病馬（火）を扶ける。（火生土）（水生木）（木生
　　　火）（土生金）は助人になる。

［加持祈禱］

　　「諏訪大明神の此方へ向かひ鷹の羽を竹にはさみ馬の上を三度なぜ川へ流すべし」に
　　ついては、諏訪大明神の此の方へ向かひ（祟神　北・水）を奉り、鷹の羽（金）を竹
　　（木）にはさみ（金剋木）（木剋土）、馬（火）の上を（火生土→土剋水）三度（木）な
　　ぜ（木剋土）川（水）へ流すべし（水生木→木剋土）の理で祟神（木）（土）（水）を剋
　　する。

［本草］

　　・ひるも・藻（木）は（木剋土）で祟神（土）を制する

　　・おんばこの実（金）は（金剋木）で祟神（木）を制する

　　・どくだみ（金）は（金剋木）で祟神（木）を制する

　　・あらるか（木？）は（木剋土）祟神（土）を制する

　　・酒（金）にてかうべし。（金剋木）祟神（木）を制する

※鶴の毛（金）は（**金剋木**）祟神（木）を制する

※鮎のうるり（土）は（**土剋水**）で祟神（水）を制する。

[針、灸]

　針（金）さし焼くべし（火）は、（**金剋木**）（**火剋金**）の理で、祟神（木）（金）を制す。

　※Aに灸無し。

10）酉

病日：酉の日（金旺）の病馬（火）

祟神：西の方荒神－西の方神（金旺、土）、酉の三合は（火、金、水）に互る。

　　　※荒神は後述。

対処：祟神（金旺）（土）（火）（水）を（**火剋金**）（**木剋土**）（**水剋火**）（**土剋水**）の

　　　理で制圧、相剋、なだめ・奉り、病馬（火）を扶ける。（**木生火**）（**水生木**）（**金**

　　　生水）（**火生土**）は助人になる。

[加持祈禱]

　・「赤きものと雛子の首の毛を竹にはさみ御幣にして馬のはら引き回し幣にして背骨

　　首尻なで呪うべし」は、赤きもの（火）（**火剋金**）と雛子（金）の首の毛（金）（**金**

　　生水→水剋火）を竹（土）にはさみ（**土剋水**）御幣にして祟神を奉りつつ、馬（火）

　　を引き回し扶けつつ（**火生土→土剋水**）、祟神（金旺）（火）（水）を制圧する。

　・「光明真言21遍唱え玉めの方へ捨つべし」は、光明真言21遍（水？）唱え祟神

　　（水）を奉りつつ（**水生木→木剋土**）で祟神（土）を剋し、玉めの方（金）へ捨つべ

　　し（**金生水→水剋火**）で祟神（火）を制圧する。

[本草]

　・きじ（金）の毛（金）（**金生水→水剋火**）これを灰に焼いて（**火剋金**）は、祟神（金

　　旺）を剋す。

　・「こしょうに合わせてこぶの酒にてかふべし」は、こしょう（金）（**金生水→水剋**

　　火）で祟神（火）を制す。こぶの酒（金）（**金生水→水剋火**）で祟神（火）を制す。

[針、灸]

　「せんだんの針さすべし」、「千段をさし屋く之」の針（金）（**金生水→水剋火**）は祟神

　（火）を制す。「屋く之」（**火剋金**）では祟神（金旺）を剋する。

11）戌

病日：戌の日（金、土）の病馬（火）

祟神：東の方山神－東の方神（木、土）は卯三合では（水、木、火）に互る。土の三合

　　　では、戌は金旺でもある。

　　　※山神は後述。

対処：祟神（木）（土）（水）（火）（金）を（**金剋木**）（**木剋土**）（**土剋水**）（**水剋**

　　　火）（**火剋金**）の理で制圧、相剋、なだめ・奉り、病馬（火）を扶ける。（**土生**

　　　金）（**水生木**）（**火生土**）（**金生水**）（**木生火**）は助人になる。祟神は全ての方位

　　　神に互る。

IV章　『癘瘉千金寶』と陰陽五行理論　　　89

［加持祈禱］

・「赤き物を立て山神をなだめよ」については、赤き物（火）を立ては（**火生土→土剋水**）で祟神（水）を制しつつ山神（木※）をなだめつつ（**木剋土**）で祟神（土）を剋す。

［本草］

・またたび（木）は（**木剋土**）で祟り神（土）を制する。

・桃の木の葉（金・木）は（**金剋木**）・（**木剋土**）で祟神（木）（土）を制する。

・ぶくりゅう（土）は（**土剋水**）祟神（水）を制する。

◎「俄かに身ぶるい又身にくらひ付いてやむなり。冷やすべし」は、冷やす（水）（**水剋火**）で祟神（火）を制圧する。

・なしの皮（金・土※甘）は（**金剋木・土剋水**）で祟神（木）（水）を制する。

［針、灸］

針（金）は（**金剋木**）、灸（火）は（**火剋金**）で祟神（木）（金）を制す。

12）亥

病日：亥の日（水）の病馬（火）

祟神：水神（水）、水（亥子丑）子の三合では（金、水、木）に亙る。

対処：祟神（水）（金）（木）を（**土剋水**）（**火剋金**）（**金剋木**）の理で制圧、相剋、なだめ・奉り、病馬（火）を扶ける。（**火生土**）（**木生火**）（**土生金**）は助人になる。

［加持祈禱］

※Ａの「赤き物からき物忌む（以下、Bに同じ）」は不明。

・Bの「赤物を水にたてて五色の幣を奉り水神をなだめよ　光明真言二十一へん唱へ左の耳を七度うつべし」は、赤き物（火）（**火剋金**）で祟神（金）を剋し、「五色（土）」幣切って祟神水神（水）をなだめ・奉りつつ（**土剋水**）で制する。そして、光明真言21遍（水？）唱え祟神水神（水）を奉る。そして、左の耳を七度（火）うつべし（**火剋金**）で祟神（金）を剋す。水神（鬼神）への畏敬・畏怖が見られる。

［本草］

・べつかふ—鼈甲（金）を粉（土）にして（**金剋木**）、（**土剋水**）で祟神（木）（水）を剋す。

・よき酢（金）にてかうべしは（**金剋木**）で祟神（木）を制す。

［針、灸］

針（金）は（**金剋木**）、灸（火）は（**火生土→土剋水**）の理で祟神（木）（水）を制す。

三節　五行原理「十二日方位祟神」と日本の地域神

『瘋癲千金宝』における「十二日方位祟神所在」では、五行原理の十二支方位祟神と異なる「鬼神」「土宮神」「荒神」「山神」「水神」が記されている（**表8.参照**）。これらの神について見ていこう。

1.　鬼神

　子の日（北・水旺）に「鬼神」が記されている。『鬼神』は、古代中国の宗廟祭祀にある。宗廟祭祀は北方陰祀（北・子は陰陽終始・陰陽統一のところ、また死者の魂魄は神・鬼となって分離するがそれを収束するところ）として、北・水・鬼神が記されている。「鬼神」は、十二支では北の方位・五行では水（旺気）である。中国隋の古書『五行大義』（中国哲学における宗廟の意義が述べられている）のなかの記述によると「宗廟祭祀は北方陰祀であり、それは北の子の方は陰陽終始のところで、陰陽統一の像をもつ。死者の魂魄というものは、神・鬼となって分離するが、それを収束する処が宗廟である。」「中国　北方陰祀、死者の魂魄は神・鬼となって分離する、鬼神は水徳を以て広報する。」（吉野1984:171、209参照）とある。

　ところで、「鬼神」については、日本の陰陽道でも云われる。「鬼神」は修験道の開祖とされる役小角が、大和葛城山の修行中に鬼神を使い空中を飛行した呪術伝説に登場する。一般に北西の方位は妖怪「鬼神」の棲むところとして恐れられた。

　この「鬼神」は、古代中国の五行哲理による「宗廟祭祀・北方陰祀」が起源と云えるが、日本の陰陽道に同化されている神でもある。ここでは「北の方神」とせず「鬼神」と記している。

2.　土宮神

　子の日の祟神とされる「土宮神」「□山宗」^{ヤマノカミマツル}についてみたとき、「土宮神」は陰陽道では「土公神」^{どこうじん}とも云い土地の守護神とされている。「土公神」の信仰は信州諏訪地方にも存在する（原・田中　1998、原　2010：①②③④）。また、「山の神」と「土の神」が登場して「土公神」が祭場を踏み固めて豊穣を祈願する祭が天竜川流域に見られる。なお、「土公神は陰陽道由来の土を司る地神」「…大地神や地霊の性格が強いが竈神、荒神、火の神と習合した」（日本民俗大辞典　下2001：205）とも云われている。このように「土宮神」は、日本における土地神信仰に関わる神である。

3. 荒神

午の日（火旺・南）および酉の日（金旺・西）の祟神に「荒神」が記されている。「荒神」は、五行理論の方位神に無いが、わが国の民間信仰には存在する。殊に地域では一般に「荒神」「お荒神さま」と呼ばれ、台所に祀る竈神・火伏の神の信仰が存在する。牛馬守護神としての「荒神」信仰もある。昔は牛馬の守護札が台所の柱などに貼って在った。「荒神」は地域の生活と密接な農作の神・牛馬の守護神であり、富を司る神としても信仰されている。なお、「荒神」信仰の成立には陰陽道や修験道の影響が指摘されている（日本民俗大辞典　上1999：593）。

4. 山神

戌の日（金墓・土、西）の祟神である「山神・山の神」はわが国の民間信仰に存在する。武州廳鼻和や甲州の**地域**（北巨摩地方、隣接する信州諏訪地方を含めて言う）において見たとき「山の神」信仰が生活に密接であった。「山神・山の神」は山・山林・そこに生息する生き物たちに宿る神であり、春に山から里に下って田の神となり、秋には山に帰って山の神になるとも考えらえていた。伐採、炭焼き、猟師や農業など山に関係する仕事をする地域では、「山神」が祀られ祭りが行われる。前述の「土公神」と「山の神」（山＝木気、山作集）とが共に語られるところもある。山神は、地域では生業の農業や山仕事と密接な馴染みのある神である。

5. 水神

亥の日（水生、北）の祟神に「水神」が記されている。「水神」は「鬼神」で記した如く「中国　北方陰祀」（前述）に因る。だが、中国の「鬼神・水神」とは別に我が国の民間信仰には「水神」が存在する。**地域**における「水神」信仰は普遍的で農耕・水稲生活と密接である。「鬼神・水神」の起源が五行理論に因っていても我が国の観念と融合していると云える。なお、また、地域の山間の水源地や分水嶺には必ず「水神」が祀られ、「山の神」とも同一視されるところもある（日本民俗大辞典　上1999：902も参考）ここでは「水神」「山神」の習合が見られる。水神も、また、山神と同じく地域に密接な神である。

　以上でみた「鬼神」「土宮神」「荒神」「山神」「水神」の神々は互いに習合している様子が見られる[2]。また、これらの神々は陰陽道との関係が指摘される。なお、対処法の中には地域の諏訪大明神が記されていて（申の日）、修験道信仰および諏訪明神信仰との関連も窺われる。「土宮神」「荒神」「山神」「水神」の神々は、田作り・稲作・水稲に関わる。これらの神信仰は地域において、田作り・稲作・水稲の発展にともない農耕馬も急増する江戸時代以降に登場し盛んになる[3]。このことは五行理論の知識の上に、近世日本におけ

る地域の神々が加筆されたものと見なされる。

おわりに

馬療書『瘄瘰千金宝』における病気観（馬の病気と病因、その対処法）は陰陽五行哲理に基づくことが判った。だが、病因「十二日祟神」には五行理論の方位表記とは別の「土宮神」「荒神」「山神」「水神」や「鬼神」も記されている。これらの神々は日本における地域に馴染みのある神々であり、修験道や諏訪大明神との関係も見られる。そして、これらの神が誕生し盛んになるのは、近世以降の地域における田作り・稲作・水稲などに関わり農耕の発展と農耕馬の普及する時期に重なる。このことから、『瘄瘰千金寶』の由来について見たとき『瘄瘰千金寶』は中国古典知識の上に、新たに日本の近世以降の知識が加筆された形と見られる。このことは五行理論の「瘄瘰千金寶（仮称）」元本に当たるものが存在し、それを近世以降に加筆修正して『瘄瘰千金寶』が版行されたということが考えられる。

次で、地域の馬と仏教や修験道の歴史社会について見よう（**Ⅴ章**）。

（Ⅳ章　補遺・課題）　「五行配当表」の多様について
── 『瘄瘰千金寶』と「五行配当表」──

「五行配当表」は、万象が五元素（五気）に還元あるいは配当されている。五行配当表の事項について見たとき、文献および近年の書に差異が見られ、殊に本草の事項については多様であった。

五行説は中国古代に成立し、その後、歴史的変遷を経ていることが言われている。中国の代表的医古典に『黄帝内経』があるが、この中においても「五行」に差異がみられることが指摘されている（福田　2005：295-297、林　1984：23-24）。この五行配当についての歴史、配当の根拠と思想、その変遷・差異に関しての研究は途上にある[4]と言われている。

『瘄瘰千金宝』の「五行配当表」では、前記した如く『淮南子』『黄帝内経』を中心に採用した（**表7.**）。

以下に、現在見られる多様な差異についてその一例を挙げておく。

「五行配当表」の多様な記載事例　　出典および参考文献は以下の①～⑤による。

五行	木	火	土	金	水	出典、備考
お供えの五臓	脾	肺	心	肝	腎	『呂氏春秋』、『礼記』「月令」①『ブリタニカ』(1991:595) による 『呂氏春秋』十二紀、『淮南子』時則訓、『礼記』月令、『太玄』太玄数など戦国末から漢代にかけての書にみられる（林　1984：24）。
五臓	肝	心	胃(中央)	肺	腎	『淮南子』地形訓③（林　1984：57）による
五臓	肝	心	脾	肺	腎	『白虎通』④世界大百科事典 (2009：120)、『黄帝内経』②等の医経の他、前漢以後の多くの書に見られる（林　1984：23-24）。 ※『安西流馬医巻物　宝永七』(1710)、 　『馬医伝方　寛文十五』(1670) は是に同じ。

五行	木	火	土	金	水	出典、備考
数	八	七	五	九	六	『礼記』「月令」①『ブリタニカ』(1991：595)
天の数	三	七	五	九	一	
地の数	八	二	十	四	六	

五行	木	火	土	金	水	出典、備考
五味	酸	苦	甘	辛	鹹	『呂氏春秋』『淮南子』『黄帝内経』①②③ 『白虎通』④『世界大百科事典』(2009：10の120)
五禁	苦	鹹	酸	苦	甘	『中国薬膳学』⑤（五臓が病んだとき禁止すべき味） ※『安西流馬医巻物　宝永七』(1710)、 　『馬医伝方　寛文十五』(1670) では五味とし、 　この五禁が記されている。 ※『瘝瘱千金宝』『馬の写本』はこれに準じているらしいが間違いが見られる（表2.⑥）

五行	木	火	土	金	水	出典、備考
五穀	麦(むぎ)	稲(いね)	禾(のぎ)	黍(きび)	菽(まめ)	『淮南子』③（林　1984：57）による
五穀	麦(むぎ)	栗	黍(きび)	米	大豆	『中国薬膳学』⑤
（五果）	李	杏	棗(なつめ)	桃	栗	『中国薬膳学』⑤
五穀	麦(むぎ)	黍(きび)	栗(稗)	稲(いね)	豆	
五穀	麦(むぎ)	稗	黍	米	豆	
五穀	うるち米	小豆	大豆	麦	黍	「食物・生薬の五行分類表」

① 『呂氏春秋』（紀元前 239 年完成）

　　　　　　1991『ブリタニカ国際大百科事典』595 頁による。

② 『黄帝内経』（紀元前 221- 前 202、前 2- 後 202 頃）中国最古の医書。

③ 『淮南子』（紀元前 179- 前 122 年に編纂させた思想書）

　　　　林（1984）によると「『淮南子』地形訓による配当表では五臓の中央
　　　　は胃が配当されている。今文説による肝木、心火、脾土、肺金、腎水は
　　　　『黄帝内経』の医経の書の他、前漢以後の多くの書に記される」とある
　　　　（林　1984：57,23,24）。

④ 『白虎通義』（1 世紀）

　　　　平凡社　2009『世界大百科事典』による。

　　　　「『呂氏春秋』（前 3 世紀）などに原初的なかたちが、そして『白虎通』（1 世
　　　　紀）などによりいっそう整理された形がうかがわれる」（2009：10 巻 120）

⑤ 『中国薬膳学』彭　銘泉主編　1985　人民衛生出版社

　　　　「五行配当表」（出典記載なし）本文 33 頁による。

注

1 ）"此の日（十二日）" の病馬の "此の日" は発病日とする（Ⅲ章一節）

2 ）日本の馬医古書⑭「安西流馬医巻物（宝永七）」（1710）の中にも「山神」「水神」が記された箇所
　　がある。「馬の肝臓（木気）の本尊は薬師で山神に垂迹、心臓（火気）の本尊は観音菩薩で水神に
　　垂迹」などが記されてある。これについては、仏教信仰と結びついた本地垂迹説でわが国特有のも
　　のであるとの見解が示されている（松尾・村井　1996：313）。

3 ）地域は、八ヶ岳南麓に位置する高冷地であり、雑穀主体の零細穀物生産が主であった。逸見筋
　　（現在の北杜市）は江戸時代になり開発が進んだ地域であり、石高が慶長年間（1596-1614）〜寛文
　　（1661-1672）、貞享（1684-1687）にかけて急増が著しくなる。これには水路開さくに因る新田開
　　発にともない、殊に米の生産が増加した（高根町誌　1990：577-8　山梨県の歴史　1973:159）。

4 ）五臓の配当から、その配当の根拠とその思想史の解明を課題にした論文（林　1984）、陰陽五行思
　　想の起源と発展の解明を課題に民俗学的な角度から考察した論文（井上　1996）、また、『黄帝内
　　経』における陰陽五行の配当差異について陰陽五行思想の論症についての論文（福田　2005）など
　　があり参考にした。

Ⅳ章　文献（刊行順）

・磯貝正義・飯田・野沢　1973『山梨県の歴史』山川出版社

・林　克　1984「五臓の五行配当について―五行説研究その一」『中国思想史研究 』（6）

・吉野裕子　1984『陰陽五行と日本の民俗』人文書院

・彭　銘泉主編　1985『中国薬膳学』人民衛生出版社

・高根町編　1990『高根町誌　通史編　上』

・吉野裕子　1992『五行循環』人文書院

・吉野裕子　1994『日本古代呪術』大和書房

・松尾信一・村井秀夫　1996「解題」『日本農書全集 60　畜産・獣医』農山漁村文化協会

・井上　聰　1996『古代中国陰陽五行の研究』翰林書房

・原　正直・田中　基　1998『御柱神事の循環構造』（平成 10 年 9 月 6 日、諏訪市博物館講演会資料）

・福田高徳　2005「『黄帝内経』における陰陽五行思想の論証活用」仏教文化学会紀要（14）

・原　正直　2010「御柱から八龍神への変身」（平成 22 年 4 月 24・25 日、アジア民族文化学会・諏訪市
　　　　博物館共催『御柱シンポジウム―アジアから見た樹木・柱信仰』資料）

V章

地域の馬と馬療・宗教・歴史社会、そして『癘癘千金寶』由来

はじめに

　馬療書『癘癘千金寶』は陰陽五行理論に基づいている。『癘癘千金寶』は古代中国古典に依拠する元本（「癘癘千金寶（仮称）」）を基に近世以降に加筆・修正して刊行されたものと推察される（Ⅲ章、Ⅳ章）。

　ここでは仮定した元本「馬症千金宝（仮称）」から『癘癘千金寶』版行近代以降に至るまでを地域の馬・馬療と宗教の歴史社会を通して、馬療書『癘癘千金寶』の由来を探索する。まず、**地域**（地域とは『癘癘千金寶』所縁の現在の北杜市一帯を云う）の「観音堂祭」と馬頭観音建立から馬・馬療の歴史を見る（一節）、次に、『癘癘千金寶』における信仰、仏教・修験道を通してみえてきた甲州と武州の往来（二節）、『癘癘千金寶』の甲州逸見と『馬の写本』の武州廳鼻和の接点（三節）、そして、元本「馬症千金宝（仮称）」の存在が想定された戦国期の武田氏と馬、馬療と宗教について見ていく（四節）。

一節　馬・馬療の歴史、観世音信仰および『癘癏千金寳』

　地域には、馬の守護・繁栄を願い飼主に伴われた馬が参詣・加持祈禱を受ける観音堂祭（一口に「お観音さんのお祭り」「午のお観音」と云っている。ここでは「観音堂祭」と記しておく。）が繁盛し、また、馬の守護・安全や慰霊のための馬頭観音石像を盛んに建立する時代が在った。

1．近世における「観音堂祭」と馬の観音堂参詣・加持祈禱

　どこの家でも馬が飼われていた時代に、地域では馬が主役の「観音堂祭」が盛んであった。「観音堂祭」は午の日に行われ、馬の観音堂参詣・加持祈禱が行われる。馬の観音堂参詣・加持祈禱は馬療（馬の健康保持・増進・病気予防・治療の行為）である。かって、地域では"赤子より馬の方が大事にされた"と云われていて馬は貴重で大切にされた。馬の存在が消えると「観音堂祭」も消えつつあるが[1]、その中で現在も"馬の観音さん"と云われ祭りが行われ、あるいは人々の記憶に残る次の四ヵ所の観音堂がある（地図2.表9.）。これら観音堂および観音堂祭から馬と馬療について見よう。なお、近接する信州諏訪にも有名な馬の「粟沢観音」がある（後述、四節2.）。

地図2.　主な「観音堂」と所在地

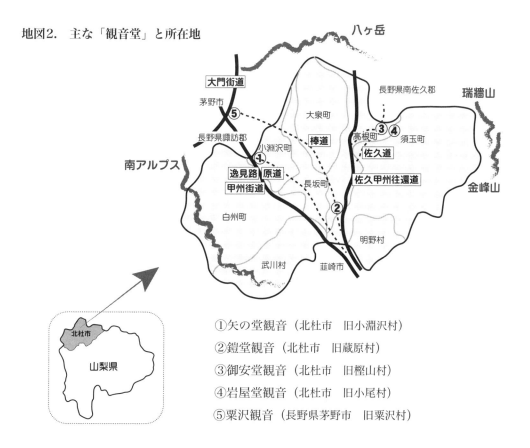

①矢の堂観音（北杜市　旧小淵沢村）
②鎧堂観音（北杜市　旧蔵原村）
③御安堂観音（北杜市　旧樫山村）
④岩屋堂観音（北杜市　旧小尾村）
⑤粟沢観音（長野県茅野市　旧粟沢村）

1）矢の堂観音祭（矢野堂とも記されている）

『癇癪千金寶』の版元である矢の堂別当・小淵沢村昌久寺の矢野堂観音祭は、現在も行われ賑わっている。山号は義光山と云い（次の歴史参照）地域で義光山「矢の堂観音」と呼ばれている。弘法大師作と云われる本尊の矢の堂観世音菩薩は、昭和20年代に盗難により紛失している。

　縁日：昔の祭りの日は、二の午であったので「二の午祭」とも云われていた。一説には鎧堂観音（次の2）**参照**）が初午（初午祭）に行われ、つづいて二の午に行われたともいう。その後、祭りは3月三の午に行われ近年では5月3日に行われている。祭りでは10〜13人の僧侶による大般若経六百巻の転読会が行われ（**写真1.**）、つづいて僧侶による馬の加持祈禱が行われる。人々は馬の守護・繁栄を祈願して厩に貼る「御札」を買い求める。厩に貼るお守り札（**写真3.**）は牛馬の姿が右向きと左向きの2種類[2]の馬用と牛用が販売されているが、近年では実用として買う人は殆どいない。馬の加持祈禱は般若経転読会の後10〜13人の僧侶が庭に出て、馬に向かって経を唱える（**写真2.**）。観音堂の庭で飼主の手綱の傍らに立つ勢揃の馬たちが僧の加持祈禱を受ける様は盛大なものであったと云われる。馬が消えた近年の馬の加持祈禱は廃れているものの、平成19年時には見物客の注目の中に乗馬用の馬が2頭現れて祈禱をうけている（**写真2.**）。

　矢の堂観音の由緒からすると、戦闘騎馬の戦国時代には切実で盛大な馬の加持祈禱が行われていたものと推察する。

　御詠歌：矢の堂観音は逸見筋[3]の霊場に入っていないがご詠歌がある。それは、「御仏の　誓をこめし　あづさ弓　ねがひの的にあたる矢の堂」と云い、『癇癪千金寶』の"牛馬屋祈禱"にも記されている（**表1.**※これは秩父霊場三十四番のご詠歌に似ている。[注10]　**参照**）。

　歴史：昌久寺の開基は1600年とある。「大般若経勧化簿（1820）」によると、昌久寺矢の堂別当の由来は仁安年中（1166–69）義光の孫である逸見冠者清光（12世紀）に始まり、軍神として信仰されていた天沢寺の廃寺の後に昌久寺が矢の堂別当となるとある（小淵沢町誌編纂委員会　2008：772）。昌久寺の本寺をたどると、次の様になる。昌久寺→（以下の→右は本寺を示す）甲州・片颪村の清泰寺→甲州・若神子村の正覚寺→甲州・下積翠寺村の興因寺→豆州・中大見村の最勝院（上杉憲忠あるいは憲清開基）[4]→相州・小田原の最乗寺に至る（三節で詳述）。これら末寺から本寺につながる一連の曹洞宗の寺の歴史をみると、清泰寺は、逸見四郎清泰の開基で当初は天台宗であったが後に曹洞宗になる。　正覚寺は逸見義清が「蔵原村ニ住セシ時父義光ノ為ニ建立、義光大治2年（1127）卒ス」とあり、当初は天台宗であったが後に曹洞宗になる。興因寺は、義光の子相模権守義公の開基といわれ当時は天台宗であったが、武田信虎が文明2年（1470）中興し曹洞宗に改めた（『甲斐国志』、『甲斐国社記・寺記』、『日本社寺大観寺院編』参考）

　以上から、次のことが見られる。1600年開基とされる昌久寺の歴史をたどると、本寺の開基は天台宗から禅宗に転じ、新羅三郎義光[5]に関わる。そして、本寺は豆州・中大見村（現在の中伊豆）や相州・小田原に至る。時代は、12世紀鎌倉時代（源頼朝が平氏を滅ぼし全国の軍事警察権を掌握した1185から北条高時が滅びる1333までの約150年間をいう）に遡る。

写真1．（左上）矢野堂観音祭にて大般若経六百巻の転読
写真2．（左下）加持祈禱を受ける馬
写真3．（右）　馬の御札（左向お守札、右向お守札）

(2007年3月撮影)

2）鎧堂観音祭

　孤月山浄光寺鎧堂観音（**写真4．**）といい、地域では「蔵原のお観音」と呼ばれ祭りは現在も行われている。高根町旧蔵原村にあり甲州「三観音」の一つである。本尊は弘法大師作といわれる十一面観世音菩薩で現存する。

　縁日：昔の祭りの日は2月初午、二の午、三の午とあり、初午が最も賑わったというが後に二の午が盛大になり、さらに3月初午に行われるようになったと云う。祭りは存続していて、現在の祭日は3月初午の替わりに3月最初の休日に行われている。祭りには十数名の僧侶による大般若経六百巻の転読・加持祈禱が行われる。祭りには北巨摩郡以外の信州・南佐久地域からも人々が集まる。鎧堂には、昔の盛大な祭り・信仰を物語る信者の奉納絵馬や額が多数、掲げられている。古い奉納絵馬や額は年度や村名が不明瞭だが、比較的明瞭な「西組馬喰講中　寛政7年」（1795年）と記された額の絵馬には小淵沢村はじめ北巨摩郡六ヵ村の名が記されていた（**写真5．**）。馬産の盛んな時代や農耕馬が活躍した時代には、馬を引き連れた参詣者で賑わい大般若経転読会と馬への加持祈禱が行われたと言われている。

平成26年3月6日現在の観音祭では50名ほどの参加者・参詣者があった。この内、祈禱会参加者は25名、加持祈禱は家内安全・心願成就・無病息災・商売繁盛・厄難消滅などで、馬不在の現在では、馬への加持祈禱は見られない。また、護摩焚きは省略されていた。平成22年の観音祭のときは、馬に関わる参詣者の中に遠方からの信者が数名見られた。それは、甲府から1名（大正十年生まれの男性、小淵沢出身で幼少期から馬を飼っていた、特に戦地で伴った軍馬を失った辛い体験から馬を思い毎年、蔵原の観音参りを欠かしたことがないと云う）と長野県南佐久郡野辺山板橋・平沢から来た4名がいた。馬がいなくなった現在の野辺山板橋・平沢地区では、乳牛飼育の農家の代参者が、30から50枚ほどの牛の「お札」（**写真6.**）と野菜農家50～60軒分の守り札を買っていった。現在は馬に替わって乳牛になったが、馬の時代からの名残で「蔵原の観音」には毎年、代参者を立てお参りにきている。

　明治・大正・昭和初の盛大な馬市場や馬牧・産馬の時代には馬のお札が求められたが、昭和30年代以降は変わって牛のお札、交通安全や家内安全などのお札と「お守り」が販売されるようになり、代参で数十人分を購入して行く人もある（**写真4.5.6.**）。現在の参詣者の多くは、馬とは縁遠くなっているが"馬の観音"と言われ、現在も祭りは存続している。

　御詠歌：鎧堂観音は逸見筋十一番霊場である。御詠歌は「蔵原や迷ひの雲の空晴れて浄き光の月そさやけき」である。

　歴史：鎧堂・十一面観音は新羅三郎義光建立とされ、また武田氏信濃攻略の祈願所に当てられたと言われている。鎧堂のある孤月山浄光寺の現在は京都の妙心寺末である。浄光寺は、夢想疎石開山（1275年生、天台宗から禅宗に転じている）、後の寛文年中に甲府の法泉寺末に転派し、その後に京都の臨済宗妙心寺末となる。鎧堂の歴史は前述の1）の矢の堂と同じく当初の天台宗から禅宗に、また、新羅三郎義光に関わり、平安・鎌倉時代に行き着く。鎧堂観音祭においても矢の堂観音祭と同じく、戦闘騎馬の戦国時代から馬の加持祈禱が行われ、それは近世の農耕馬の盛んであった時代を経て現在に至っている。

　ここで、信州南佐久郡（**地図2. 参照**）の人々が、山川を越えて樫山を経て距離的に隔たった甲州蔵原観音の信仰を存続している。その歴史背景について見ておこう。

　野辺山板橋・平沢地域は信州（現在の長野県南牧村）に属し、甲州（現在の山梨県北杜市旧樫山村）との県境に接する。この平沢と樫山は確証はないが古代御牧「柏前牧」の地と云われている場所である。この地域と馬の歴史は中世以降に見られる。中世以降の古文書資料によると、<u>南佐久郡南部地方（後の南牧村）の産馬の歴史は天文年間（1532-54年）</u>に起こったことが見られる。それは、信玄が当地に軍馬の育成を奨励したことに始まり産馬の地となった（南牧村誌　1986:1162）。海の口郷（南佐久郡）において武田氏が伝馬制度を整えようとした命録元年（1540）や伝馬役免除の永禄10年（1567）の文書（笹本2006：213、216）などから16世紀の馬の記録が見られる。承応3年（1654）には、南佐久郡の高野町に馬市場が出来た（南牧村誌　1986：1191）。その後、江戸時代から、明治、大正、そして昭和20年代まで産馬の発展・盛況に至る。因みに、南牧村（みなみまきむら）の村名は明治22年に誕生した。明治22年に誕生した牧の名称は「近来産馬地と称されるほど産馬

が盛んになったことから北牧村（古代御牧の地）に因んで南牧村とした」[6]という。（南佐久郡志 1919：823）。

　このように、南牧地域の馬については信玄が当地に軍馬の育成を奨励した 16 世紀以降に始まり、江戸から明治、大正、昭和と大産馬地と云われるようになった。なお、信州南牧の板橋や平沢と甲州の樫山は「佐久甲州往還道」（武田氏の信濃攻略時の軍用道路でもあった）が通り、同じく蔵原も「佐久甲州往還道」が通る。また蔵原は信州諏訪への棒道が通り（地図2.）なお信州佐久へ通じる棒道も語られている。馬と馬療を通して甲州・蔵原鎧堂観音祭に信州・南佐久郡（後の南牧村）からの人々が集うことには、このような歴史的、地理的背景が関与していると云える。

写真4.（上左）　　孤月山浄光寺鎧堂観音祭
写真5.（中左）　　奉納絵馬「西組馬喰講中　寛政七年」には馬喰講中小淵沢村他五ヵ村が記されている。
写真6.（右）お札　上：「甲斐国浄光寺」「転読大般若経六百軸諸縁」「三宝大荒神」（荒神は馬の守護神）
　　　　　　　　　中：馬のお札（左右あり）
　　　　　　　　　下：牛のお札（左右）　　　　　　　　　（2010 年 3 月撮影）

Ⅴ章　地域の馬と馬療・宗教・歴史社会、そして『瘄癀千金寶』由来　　103

3）御安堂観音祭

「御安のお観音」と呼ばれ馬の繁栄・安全祈願の祭りが行われていた（**写真7.** 昭和47年時）。高根町清里の樫山地区にある。本尊は弘法大師作といわれる「御安観世音菩薩」像が両手が欠損した状態で現存している（**写真8.**）。

縁日：昭和20年代初までは祭りが行われていたが、その後、廃れて村の過疎化に伴い現在では観音堂は壊され跡地に集会所が建設された。現在、「御安観世音菩薩」は集会所の中に置かれて在るが、祭りを記憶している人がいない。樫山の住人（明治10年生と明治22年生の二人）からの聞取りおよび筆者の体験から記すと、お祭りは毎年2月の初午に盛大に行われ一日中賑やかであった。男衆だけが観音堂に集い、馬を飼う人たちは観音講を作っていた。馬の繁栄・安全を祈願する「御安のお観音」の祭りは、講の集会でもあった。

御詠歌：逸見筋三十三番札所の中に「御安の観音」は無いが、御詠歌があり、それは「水上は　いづくなるらん　樫山の　御安へ参る身こそたのもし」という。※これは、秩父霊場二十五番の御詠歌に似ている（[注10] 参照）。

歴史：「御安のお観音」の歴史をみると、旧樫山村から信州佐久へ経る「いつもかいと」（慶長7年御水帳）、「いつもかい道」「いつもかいと」（寛文6年御水帳）と呼ばれた古道沿いに在った天嶽山千福寺の観音堂に由来する。慶長（1602年）、寛文（1666年）時の天嶽山千福寺観音堂の所在地は信州南牧村（前述）と隣接する旧小倉の地に在った。後に、千福寺は旧樫山村・久保の「テッピ」の地に移され（移転の時期は不詳）、その後の明治5年に天嶽山千福寺が廃寺になるに伴い「御安のお観音菩薩像」は、「お観音堂」と共に現在地に移された（大柴　2020：152）。

現在、廃寺になった天嶽山千福寺を知る人がいないが、幕末頃に近隣の村々の臨済宗寺院との付き合いが見られる文書があり（山梨県立博物館蔵　樫山村文書・「宗教」）、それには本寺の海岸寺はじめ北巨摩郡の臨済宗十ヶ寺からの祝儀が記されている。また、明治10年の樫山文書に「大般若経転読入貫簿」（ibid.：樫山古4-9）があり大般若転読が行われていたことが察せられる。

「慶長七年御水帳」（1602年）には「善福寺　観音堂」が記されていて、1602年には観音堂が存在したと分かる。天嶽山千福寺は信州南佐久に接し通じる古道の「いづもかいどう」沿い（佐久道、佐久甲州街道ともよばれる古道に同じ道）の小倉に在ったこと、また、信玄が天文年間（1532-1554）に南佐久郡南部地方に産馬を奨励した文書資料（前述）などから推して、千福寺御安観音堂は馬の観音信仰に関わって開基したことが考えられる。そして、御安観音堂では戦勝祈願と馬の加持祈禱が行われたと考えられる。

御安観音堂と千福寺についての明確な素性は不明であるが、千福寺の本寺とされる海岸寺の歴史は、伝説の行基菩薩にはじまり天台宗に関わる。後の14世紀に武田清武が石室善玖を招き律宗から臨済宗へ、さらに寛文7年（1667）中興し現在の妙心寺派に改宗している（山梨県立図書館　1968：686）。なお海岸寺は千福寺と同じく佐久道に在る。

以上から、御安堂観音は海岸寺を通して見ると前者と同様に天台宗から禅宗（臨済）、

写真7.（左）
御安観音堂
　（当初は樫山村小倉に在った）
　（1972年12月撮影）

写真8.（右）
「御安観世音菩薩」
　両手が欠損している
　（2008年8月撮影）

新羅三郎義光（武田氏）、平安・鎌倉時代に関わる。なお海岸寺においても観音祭りがおこなわれている。本寺の海岸寺の「観音祭」で馬の加持祈禱を行った記録や伝承は聞かれないが、祭りでは馬のお札を出していた。現在では馬のお札は忘れられているが、「お観音さん」の祭は毎年4月に行われている。

4）岩屋堂観音祭

「岩屋堂観音」（写真9.10.）は地域では一般に「岩屋堂」と呼ばれている。旧小尾村にあり、旧小尾村と旧樫山村をつなぐ小尾峠（小尾側では樫山峠と云う）の山中に位置する。およそ2〜3間四方の大岩屋洞窟に祀られている本尊は、行基作といわれる等身大の「如意輪観世音菩薩」[7]であり、現存する（現在は旧小尾村御門(みかど)の正覚寺の管理になっている）。

縁日：縁日は2月初午に行い、十数人の僧侶による加持祈禱（護摩焚き）・大般若経転読会が行われた。往時は北巨摩郡一帯および信州佐久地域の人々に信仰され祭りは盛大であった。昭和20年代初までは岩屋洞窟に「如意輪観世音菩薩」が安置されていたが、平成20年現在では洞窟が木の葉に埋もれていた。また、洞窟の傍らに立つ籠堂の大悲窟（写真11.）の外壁一面に昭和26年と16年の奉納者名（不明瞭）が墨で書き込まれていた。昭和30年代以降の祭りは行われていない。

　昭和20年代初までの祭りでは山中に出店が賑わい"岩屋堂の茅(かや)タンキリ"飴は名物であった。また、大般若経典は里にある正覚寺に納められていたので、祭りの当日、当番の家では正覚寺から大般若の経本を岩屋堂まで運んだと云う。当家を勤めた藤原ます子さん（旧小尾村黒森在住　昭和7年生、平成20年5月談）によると「父親の都合がわるく、小学生の自分が背負子で3キロの山道を登り岩屋堂に運んだ、岩屋堂では、10人の和尚さんが集まり大般若経祈禱・転読を行った。祭りが終了すると、経本を再び御門(みかど)にある正覚寺に運び戻した」という話も聞く。

御詠歌：塩川筋の一番霊場である。御詠歌「はるばると　登りて見れば岩屋堂　弘誓（ぐせい）が舟の富士の横雲」がある。

歴史：岩屋堂の所属寺の正覚寺は慶長年間では真言宗であったが（増富地区公民館編：

1995：42）後に、鎧堂の浄光寺と同じく甲府の法泉寺末になる。また、『甲斐国志』によると、岩屋堂には神力坊・神力屋敷が記されていて修験道場でもあった。岩屋堂は前述の鎧堂浄光寺と同じく甲府の法泉寺末寺であることから、天台宗・真言宗、新羅三郎義光に関わり平安・鎌倉時代に遡る。

　岩屋堂は地理的に険しい山岳地に在り、岩屋堂において直接馬への加持祈禱が行われたことは聞かれないが、2月初午の縁日には馬の守護・安全祈願に岩屋堂の峠まで馬を伴った参詣があったといわれている。

写真9.（左上）
　　岩屋堂観音（洞窟に扉が作られたのは昭和30年以降である）
写真10.（中上）
　　岩屋堂観音
写真11.（右上）
　　洞窟の傍らに立つ参籠堂大悲窟
写真12.（右下）
　　岩屋堂内の如意輪観世音菩薩と脇侍

（2007年8月撮影）

以上、観音堂祭りを見てきて次の事が要約できる。
1）観音祭りは、初午、二の午、三の午など、午の日に行われてきた。
2）観音祭では馬の参詣・加持祈禱・大般若経転読が行われていた。
3）観音堂には所属寺があり、所属する本寺の開基は天台宗から禅宗へ転じている。修験の跡が見られる観音堂がある。
4）馬の加持祈禱や護符は寺僧および修験者に因った
5）「観音堂祭」の歴史および伝承は、新羅三郎義光（逸見武田氏）に関わる。そして、その寺と観音堂の創建は平安、鎌倉時代に行き着く。

　ここで、地域の暮らしの中に馬が登場してくるのは何時のことかを見たとき、戦国時代における馬の所有は武士が中心で庶民一般には殆ど無縁であったろう。観音信仰および観音堂での馬の加持祈禱が庶民一般に普及するのは、いつの頃だろうか。百観音霊場の巡礼が普及するのは近世になってのこと[8]、甲州北巨摩地域においても18世紀以降のことで[9]、それは庶民の農耕馬が普及する時期に重なる。観音霊場秩父三十四番と小淵沢「矢の堂観音」のご詠歌、また観音霊場秩父二十五番と樫山「御安観音堂」のご詠歌が、共に類似し

ているのは [10]、庶民の秩父霊場参詣の普及による交流を示す。

なお、『癩瘡千金寶』の「追記」にご詠歌が記されていることは、「追記」が近世になって書き加えられた部分であることが明らかである。次に、馬頭観音建立について見よう。

2．近世における馬頭観音建立と馬の守護・慰霊・供養

1）北巨摩郡の馬頭観音、1700年代以降に建立

馬頭観音は、飼馬が死ぬと慰霊・供養のために石像を建立し、馬の守護・繁栄を願って建立したものである。地域には "赤子の墓は建てなくても馬の墓は建てた" という伝承もあるほど、馬は貴重で大切に扱われ供養もされた。近年は耕地整理や道路拡張などに伴う撤去や移動により消えた馬頭観音も多いが、馬頭観音の石像はいたるところで見られる。

北巨摩郡の八つの町村（高根町、小淵沢町、須玉町、明野村、白州町、長坂町、大泉村、武川村）全てにおいて、多様な石造物中で馬頭観音が最も多く馬頭観音は特に北部の山間・（八ヶ岳）山麓地域に多いといわれている（須玉町史編纂委員会　2001：390）。馬頭観音は通路の難所や盛んに往来する場所に、また死馬の慰霊・供養に馬捨て場や事故死した場所にと、馬の安全・守護繁栄を願い往来に因んだところに建てられ道路に面して建っていた。建立は個人が多いが講中、村立、或いは関係者数名によるものなどもある。

ところで、馬頭観音の建立は何時頃から始まったのだろうか。北巨摩郡の八つの町村誌に馬頭観音石像を調査した研究があり（『高根町誌－民間信仰と石造物編』1984、『小淵沢町誌』1983、『須玉町史－社寺・石造物編』2001、『新装明野村誌－石造物編』1995、『白州町の石造物』2004、『長坂町の石造物』1991、『大泉村の石造物』1978、『武川村誌』1986）これら町村誌を基に、馬頭観音建立の年度の初年を順にたどって見た。その結果は、高根町は1707年と1712年のもの、小淵沢町は1716-1735年のもの、須玉町は1720-1729年、明野村は1737年、白州町は1742年、長坂町は1751年、大泉村は1752年、武川村は1782年であった。石像の数はこの初年以降から増えていく。これらから、北巨摩郡地域の馬頭観音建立は高根町の1707年を始めに、全て1700年代から始まったことが分かる（年度の不明の少数事例があるが、大差はないと考える）。

さらに、その後の馬頭観音建立数の趨勢を見て行くと、1800年代の終わり頃に増加傾向がみられ、明治・大正・昭和の10年代まで増加傾向が続き、昭和20年代になると激減し30年代以降はほぼ途絶える。この馬頭観音建立が増加する時期の趨勢は、農耕馬の需要や馬産および軍馬供出の歴史と平行していることがわかる。

以上を見てきた結果、甲州・北巨摩郡（現北杜市）に於ける馬頭観音石像は1700年代以降から表れる。これは、地域において1700年代から馬が普及していったことに並行する。その中で、高根町・小淵沢町（八ヶ岳山麓地域）・須玉町（茅ヶ岳山麓地域）の建立の時期は、他よりやや早期に見られ、そして馬頭観音の数は特に北部の山間・（八ヶ岳）山麓地域に多いと云われることを加味してみると、高根町・小淵沢町は北巨摩郡の内で比較的早期に馬が普及し、また馬数の多い地域であったと云える。

V章　地域の馬と馬療・宗教・歴史社会、そして『癩瘡千金寶』由来　　107

2）馬頭観音信仰（守護・慰霊・供養）のはじまり

　馬頭観音信仰のはじまりを歴史的に見ると、8世紀半ば奈良時代に千手観音、十一面観音など変化観音の一つとして馬頭観音もわが国へ伝わり、特長は頭頂に馬の頭をのせていることと怒りの表情をし畜生道の救済の観音である。しかし、わが国に伝わると馬や旅の安全守護や死馬の慰霊・供養が主眼になる（片山　2002：58-59）。わが国における馬頭観音信仰は畜生道としての性格を基軸として展開し、近世以降は馬の守護神としての馬頭観音信仰は六観音を離れ単独で畜類の守護神とし信仰されるようになった結果形成されたもので、わが国特有の変容だったと考えられる、と云われている。

　北巨摩郡における馬頭観音建立は1700年代以降から始まり増加していく（上記）。そして、馬頭観音建立は飼馬が死ぬと慰霊・供養のために石像を建立し、馬の守護・繁栄を願ったものである。これら馬頭観音建立の信仰は人の慰霊・供養の石塔建立と大差ない。馬頭観音建立は馬の普及とともに馬と人の密接な関係を示す。

3．戦国時代の馬と観音堂、そして近世以降の馬と観音堂祭り

　以上で「観音堂祭り」を見た結果、観音堂と本寺の由緒書や伝承では、戦国武田氏の戦勝祈願が行われ、観音堂の創建は武田氏の仏教寺（信仰）と馬・馬療に関わる様子が見られる。

　ここで観音堂の地理的位置を見たとき、四つの観音堂は旧街道や棒道[11]に即して位置し（**地図2．参照**）それは戦国時代の武田氏の戦闘と馬の密接関係を示している。

　先の1.で取り上げた旧小淵沢村矢野堂観音の所在地は、旧甲州街道と甲州街道原道が通る位置に在る。甲州街道開通以前は、逸見路（諏訪口ともいう）が諏訪方面へ至る重要道路であり軍用道路にも利用されたといわれる。なお、別當昌久寺と伝承の天沢寺の場所には信玄の軍用道路と言われる上の棒道[11]が通る。なお、原道（逸見路と一部重複する）は釜無川の出水による通行を補い開かれ「天正以後の路なるべし」と言われ、小淵沢を通る。原道は小淵沢に宿駅が置かれた近世になり伝馬とともに繁栄した道である。二つ目に取り上げた旧蔵原村鎧堂観音の所在地には、佐久甲州街道と棒道が通る。佐久甲州街道は信州佐久方面へ、一方の棒道は信州諏訪へとそれぞれが分岐する位置に鎧堂観音は在る。この両道は軍用道路でもあった。三つ目に取り上げた御安観音堂の当初の所在地は、佐久甲州街道で一般に佐久道と言われ（現在の須玉町海岸寺から浅川を経て樫山へ入る道と樫山念場を経て樫山へ入る道が合流して平沢峠へ抜ける道で、その道は佐久道と云った）信玄の佐久侵攻の軍用道路でもあった。なお、御安観音堂と泉福寺の在った小倉の地（旧樫山村および旧平沢村の隣接地）には信玄の佐久侵攻当時の伝承が語られ、また、小倉の旧平沢村氏神には当時の戦闘を物語る「南無阿弥陀仏　弓箭死霊」と記された石塔も残る（**写真13.14.15.**）。四つ目に取り上げた旧小尾村の岩屋堂観音は、三つ目の佐久道に繋がり旧樫山村と接する険しい峠道に位置する。

　以上で見た四つの観音堂は、共に武田氏の軍用道路沿い創建されている。つまり、戦場

に向かう入口・突破口と云えるような場所に寺と観音堂が在る。そして、観音堂では戦闘と馬の安全祈願・加持祈祷、戦勝祈願が行われた。

　武田氏の戦国時代（これ以前の室町・鎌倉時代においても）、馬は武人や貴族が所有し庶民の所有はなかった。その後の戦国時代が終わる以降になると馬は庶民に普及していく。地域における近世以降の生活の変化と馬の普及について見よう。

　文書資料から見た時（山梨県の歴史 1973：159、高根町誌 1990：557-558）、逸見筋（現在の北杜市）は慶長（1596-1614）〜寛文（1661-72）、貞享（1684-87）にかけて急速に開発が進んだ地域である。それは、水路の開発に因る新田開発に伴い殊に米の生産が増加した。地域の開発・増産に並行して農耕馬が次第に増加していく。また、近世の小淵沢村は甲州街道原道（前述）が通り、宿駅の任に当たり問屋が存在した（小淵沢町誌上 1983：515）。この時期の問屋の文書によると、明和3、4年(1766-67)頃から甲州道中の交通量急増から傳馬業が難儀となり助郷村の設置を願い出た文書がある。このように、近世の地域においては農耕はじめ助郷、伝馬、御廻米等にいたるまですべて馬を必要とするようになり、交通量の急増に伴い街道は馬の往来と共に繁盛したことが見られる。

　馬が農民・庶民に普及するのは1700年代からであり、1700年代後半から馬の観音堂参詣・観音堂祭りや観音霊場参り・馬頭観音建立が地域社会に普及し盛んな様子が見られた（**前述一節2.**）。馬の普及に伴い馬療および馬療書の需要も生まれる。

　ここで、『馬症千金宝』「追記」の牛馬屋祈祷（表1.）には矢の堂観音祈祷とご詠歌（秩父霊場札所に似ている）が記され、そして裏表紙に三法印（寺僧・修験者も使用した）[12]）が押印されている。このことから、馬療書『馬症千金宝』の刊行は馬の普及・増加により馬療の需要が高まる時期の<u>1700年代後半に為された</u>と言えるだろう。ここで、矢の堂再建が安永10年（1781）に行われているが（小淵沢町誌 2006：773）、まさに、この時期は馬が普及・増加し生活も向上し馬療の需要も高まる時期であった。これに併せて、馬療書『馬症千金宝』版行が行われた可能性が考えられる。

写真13. 佐久道、泉福寺・御安観音堂の跡地
正面の細い道は小倉を経て平沢峠へ向かう佐久道。
正面林の下の辺りに泉福寺と観音堂があった。
タラガ山の左下は平沢峠になる。
手前の道路は、樫山村の上手（佐久道）から右の東原を経て小尾峠・岩屋堂観音へ至る。
（2008年8月15日撮影）

写真14.（右）石塔「南無阿弥陀仏　弓箭死霊」
写真15.（左）拡大「弓箭死霊」の文字
（2010年5月2日撮影）

表9. 甲州・北巨摩郡（現山梨県北杜市）における主な「観音堂祭」一覧

	1. 矢の堂観音	2. 鎧堂観音
・お堂名 ・所在地	・義光山矢の堂　※1 ・山梨県北杜市小淵沢町尾根 （旧）山梨県北巨摩郡小淵沢村尾根	・鎧堂　※1 ・山梨県北杜市高根町蔵原 （旧）山梨県北巨摩郡蔵原村蔵原
・本尊 ・作者	・矢の堂観世音菩薩 ・弘法大師（774-835）作と云う。 　昭和20年代に紛失する。	・十一面観世音菩薩 ・弘法大師（774-835）作と云う。現存する。
・信仰 ・縁日	・馬の守護繁栄→交通安全・商売繁盛・厄除け 大般若祈祷会、六百巻転読 ・2月二の午→3月三の午→五月三日	・馬の守護繁栄→交通安全・商売繁盛・厄除け 大般若祈祷会、六百巻転読 ・2月初午、二の午、三の午→3月初午 →3月始の休日
・御詠歌 ・北巨摩 　百観音 　霊場の記載	・「御仏の誓をこめしあづさ弓　ねかひの的にあたる矢の堂」 ・なし <北巨摩郡百観音霊場中に小淵沢町の寺院はない（北村　2008：34参考）>	・「蔵原や迷ひの雲の空晴れて　浄き光の月そさやけき」 ・逸見筋の十一番霊場
・所属寺、 　歴史	・長永山昌久寺（清泰寺末）※2 所在地：小淵沢町（同上記） 宗派：曹洞宗 本尊：地蔵 開基：慶長五年（1600）創建　徳窓玄無庵主開基 開山：眼国（生没不詳）宝永五年（1708）開山	・孤月山浄光寺（妙心寺末） 所在地：高根町（同上記） 宗派：臨済宗 本尊：十一面観世音菩薩 開基：徳治元（1306）年創建（社・寺索引：85） 開山：夢想疎石（1275-1351）※2
	※1 仁安年中（1166-69）に義光の孫である逸見冠者清光が殿平に小淵山天沢寺を創建して、矢の堂別当とし、後に武田家滅亡後天沢寺廃絶のため昌久寺を別当とした（小淵沢町誌　2006：772） ※2 片颪村の霊長山清泰寺は若神子の陽谷山正覚寺末→正覚寺は下積翠寺村の増福山興因寺末、興因寺の本尊は薬師、清光の子逸見四郎清泰の開基で天台宗　文明五年（1474）中興（国：321,234、社寺：3－414、国・寺索引：117）。さらに、興因寺は豆州・中大見村の最勝院末、最勝院は相州・小田原の最乗寺末（国：3-316）、（藤本　1970：172）。	※1 「…鎧堂ハ十一面観音ヲ安置ス　二月初午ノ日香花ノ徒参集ス…」（国：3-325）。 鎧堂・十一面観音は康平5年（1062）新羅三郎義光建立、戦勝祈願所、寛文年中に甲府の法泉寺末に転派、明和6年（1769）京都の妙心寺末になる、本尊は空海作（社寺：2－453、455　国・寺索引：85）。 ※2 夢想礎石は伊勢の生まれ、天台宗を学び後に甲斐国においては臨済宗の創建となり、恵林寺の他にも開山したと云われる寺は多く、甲府の和田山法泉寺もその一つ（社寺：679-686）。

※参考文献の（国、社寺、国・寺索引）は、それぞれ『甲斐国志』1998、『甲斐国社記・寺記』巻2－1968、
『「甲斐国志」「寺記」所載寺院索引（稿）』2004の略記。

	3．御安堂観音	4．岩屋堂観音
・お堂名 ・所在地	・御安堂　※1 ・所在地：山梨県北杜市須高根町清里 　（旧）山梨県北巨摩郡樫山村	・岩屋堂　※1 ・所在地：山梨県北杜市須玉町増富 　（旧）山梨県北巨摩郡小尾村御門
・本尊 ・作者	・御安観世音菩薩 ・弘法大師（774-835）作と云う。現存する。	・如意輪観世音菩薩 ・行基（668-749）作と云う。現存する。
・信仰 ・縁日	・馬の守護繁栄→厄除け・家内安全 　大般若祈禱会、六百巻転読は不詳 ・2月初午 （昭和30年代以降まつりは行われていない）	・馬の守護繁栄→厄除け・家内安全 　大般若祈禱会、六百巻転読 ・2月初午 （昭和30年代以降まつりは行われていない）
・御詠歌 ・北巨摩 　百観音 　霊場の記載	・「水上はいづくなるらん樫山の御安へ参る 　身こそたのもし」 ・なし	・「はるばると登りて見れば岩屋堂　弘誓_{（ぐぜい）} 　の舟か富士の横雲」 ・塩川筋一番霊場
・所属寺、 　歴史	・天嶽山千福寺※2　（海岸寺末）※3 所在地：高根町（同上記） 宗派：臨済宗（元は不詳） 本尊：釈迦 開基：不詳 開山：不詳	・和田山正覚寺※2　（法泉寺末）※3 所在地：須玉町（同上記） 宗派：臨済宗 本尊：観音 開基：小尾彦左衛門正秀 慶長三年（1598）没 開山：夢想疎石（1275-1351）
	※1お堂は昭和57年に解体して集会所となる。 ※2 千福寺は海岸寺末寺と云われるが不詳。 「慶長七年（1602）樫山村御水帳」に寺名 の記載あり。慶長8（1603）の証文には黒 印三百坪、客殿、庫裏、土蔵、薪部屋、愛 宕地蔵堂、観音堂御除地などの記載あり（社 ・寺：2－433）。 ※3 海岸寺（京都妙心寺末）は臨済宗、開基 は行基（668-749）。観音菩薩は行基作（由 緒書）。開山は石室善久。もと天台宗であっ たが、逸見氏が石室善久を請じて臨済宗に 改め開山した。なお、石室は、後に武蔵国岩 付村に平林寺を開く。（国：3－234、328、 社寺2－428-432、国・寺索引：74、89）	※1「岩屋堂　洞口広サ12歩高サ一丈五尺 深サ七　歩内ニ如意輪観音ヲ安置ス　木仏 立像長サ二尺二寸　小尾嶺社ヨリ南ニテ奇 絶ノ岩山ナリ　正覚寺摂之」（国：3－328、 社寺：2－335　国・寺索引：87）。 「玉正院　村山北割村　昔小尾村岩屋堂下ニ 神力坊ト云フアリ今神力屋敷ト云　後此ニ 移ル」（国：3－467） ※2 慶長年間は正光寺と云い真言宗であっ たという（『増富のむかし話』1995:42）。 ※3 法泉寺は夢想礎石の開山と云われる（社 寺：679-686）。

二節　天台・真言宗、修験道および『癘癗千金寳』

馬療書『癘癗千金寳』「本文」中には心経や光明真言、諏訪大明神などの記載があり、「追記」中には修験道に関わる事項が見られる（Ⅰ章、Ⅱ章）。ここでは、地域における天台・真言宗、修験道[13]などの宗教活動の歴史から、馬・馬療そして『癘癗千金寳』の由来を探る。

１．圧倒的に多い北巨摩郡の修験院

　平安時代の甲斐国においては天台宗の流布も強力なものであったが、真言宗が全県下にわたって隆盛をきわめた。真言宗古刹では、修験道の開祖とされる役小角の創設とされる寺がいくつもあり、行基の草創伝承の寺もある（山梨県立図書館　1968：668-69）。地域にある海岸寺も養老元年（717）に行基が庵を構えたと伝わる。その後、古刹の多くは天台宗・真言宗から曹洞宗に改宗している。甲斐源氏の衰退とともに文明年間（1469-86）ころになると、曹洞宗に改宗されていく（ibid. 1968：671-75、清雲　1988：49）。鎌倉時代から以降になると、浄土・浄土真宗、臨済、曹洞、日蓮などの新仏教の発足と共に天台・真言はともに宗派としては活力が衰え、その多くは改宗されていった（ibid. 1968：675）。このような天台・真言宗から曹洞宗、また臨済宗に至ったその流れは、地域の四つの観音堂の所属寺の歴史においても見られた（一節）。

　修験道は、わが国古来の原始的山岳信仰と天台宗・真言宗が習合された宗教で、役小角が開祖とされている。修験道は室町時代に天台宗園城寺聖護院系を本山派、真言宗醍醐三宝院系を当山派として組織された。ここで、地域の修験道について『甲斐国社記・寺記』（1969：1015）によると、江戸時代後期における北巨摩郡の修験院の数は（本山派・当山派）甲州全体の中では最多数を占め、他郡を抜いて圧倒的に多い。

　何故、北巨摩郡に修験院が多かったのか、その理由の一つは、北巨摩郡の山岳地理的環境が関係する。北は八ヶ岳、南に富士山、東に金峰山、西に甲斐駒ヶ岳を望む山岳地帯にある。これら四方の山々は山岳修験の歴史をもつ。なかでも、八ヶ岳の裾野にある北巨摩郡の地域は縄文文化の遺跡の宝庫であり、古からの八ヶ岳信仰が天台・真言密教と密接になる土壌があったといえる。もう一つの理由に、北巨摩郡は古来より馬との関わりがあり[14]、それが戦国武田氏の騎馬軍優勢の背景となったと考えられる。そして、戦略上、騎馬軍の優勢と共に修験者による諜報活動を重用した。それは、八ヶ岳修験道の始まりとなる真鏡寺（後述）が逸見氏の帰依のなかで礎を築いたとされること、特に信玄は修験に相当な保護を与えこれを利用し秘密外交や軍事偵察の役割を勤めさせ、戦時においては戦勝祈願を行わせた（ibid. 1969：1011）。戦勝は馬が要になる。戦勝祈願は僧修験者などにより執り行われた。この点は、修験道および馬と馬療の関係上、注目しておきたい。

2.『癇癈千金寶』と八ヶ岳修験道―小淵沢村と樫山村

『癇癈千金寶』では（「本文」「追記」中において）修験道と関係する事項が記されているのでそれら事項から、『癇癈千金寶』の歴史的な位置が見えてくる。

1）『癇癈千金寶』（「本文」）に見られる八ヶ岳修験道

諏訪大明神：『癇癈千金寶』中には、加持祈禱に諏訪大明神（※武州『馬の写本（祭事ノ巻）』には無い）が記されている。諏訪大明神についてみると、「八ヶ岳修験道の始まりを鎌倉時代とする根拠の一つは、権現岳から出土した薙鎌と北宋銭による」（水原　1983a：813）とあり、甲州・信州の国境にある権現岳に奉納されたこの薙鎌は、諏訪明神の依代とされていて諏訪大明神信仰を象徴するもので、奉納された薙鎌の意味は八ヶ岳の神々を鎮める目的であると水原は考察している。『癇癈千金寶』に諏訪大明神が記されていることは、諏訪明神信仰圏に属し、なお、八ヶ岳修験の文化圏にあることを示すものといえる。そして、『癇癈千金寶』は北宋や鎌倉時代も示唆する。

土宮神―鬼神：『癇癈千金寶』中の子の日の発病の祟神は「土宮神―鬼神」と記されている〔※武州『馬の写本（祭事ノ巻）』に「土宮神」は無い〕。鬼神は修験道の開祖とされる役小角が、大和葛城山の修行中に鬼神を使い空中を飛行した呪術伝説に登場する。また、一般に北西の方位は妖怪鬼神の棲む所として恐れられていたという方位信仰があり、主に陰陽道で言われる。また、土宮神についてみると、陰陽道では土宮神を土公神とも言い陰陽道における神の一人で土地の守護神とする。この土宮神が、上諏訪地方の信仰の中には登場する（前述、Ⅳ章三節）。『癇癈千金寶』の"子の日の祟神は「土宮神―鬼神」"とあるのは、陰陽道の方位信仰や修験道および諏訪明神信仰とも関係する。

心経、光明真言：心経は般若心経のことで浄土真宗と日蓮宗以外の諸宗派で読誦されている経典である。『馬症千金宝』「追記」にある光明真言は真言宗で最も重要なマントラ・真言である。「観音堂祭」で行われる加持祈禱には必ず般若心経が唱えられた。矢の堂観音や蔵原の観音では大般若経転読会が行われている（一節）。

ところで、般若心経は真言宗とともに唱えられてきたが、地域において全経典六百巻を入手し、また六百巻の転読を行うようになったのは何時からだろうか。水原論文（1993：62）のなかで、真鏡寺歴代の活動のなかで二十九世（1774-1851）のとき「天保十三年(1842)　大般若経六百軸求願成就する」とあり、また、同じく二十九世の寛政３年（1791）に蔵原村寶原寺の宗峰の二男を養子得度していることが記されてある。この二つの記事は、蔵原の観音祭における大般若経祈禱会、六百巻転読の発端と関連があるのではないだろうか。「大般若経六百軸求願成就する」の記録は、念願が叶って般若経が貴重で入手が容易でなかったことを物語っている。そして、天保 13 年（1842）の記録は、北巨摩郡に大般若経六百巻が齎された最初の年であったと推察される。恐らく、これが発端になって北巨摩郡の観音祭に大般若祈禱・転読会がおこなわれるようになったと推定される。この大般若六百軸経入手について「矢の堂観音の大般若経は江戸時代に京都から買ってきた」と云われている伝承もあり（小淵沢「ふるさと研究会」による）、関連するだろう。

以上から、観音堂祭りの「大般若経祈禱・転読会」は「大般若経六百軸求願成就する」とある1842年以降に始まり、盛大になったと推察される。そして、また『癘癌千金寶』に記されている「心経」「光明真言」は、八ヶ岳修験道・真鏡寺と密接であったことが窺える。このことは、『癘癌千金寶』木版は八ヶ岳修験者の手に因った可能性が考えられる。

２）八ヶ岳修験道と真鏡寺、小淵沢村　樫山村

　江戸時代後期において地域（北巨摩郡）の修験院の数は甲州の内で最多数を占めた（前述）。『甲斐国志』で見ると、当時の小淵沢村および樫山村においても複数の修験寺院の名が見られる。

　八ヶ岳修験道の始まりは、水原によると（水原　1993：53-64）「心鏡寺系図」の分析から鎌倉時代頃と推測している。そもそも、八ヶ岳の一帯は縄文時代の遺跡が多くみられ、古くからの八ヶ岳の山岳信仰に天台・真言密教や修験道・陰陽道が混合している。例えば、八ヶ岳の桧峰神社に祀られている八雷神は雷神で蛇体であると考えられ雨・水にかかわる。また、古来より八ヶ岳一帯は「逸見」と云ったが、逸見は蛇を意味することに由来するとも云われる。古来より八ヶ岳は死霊にかかわる山、天狗岳や赤岳神社の天狗などに見られる他界・異郷・超自然的なものが住む山で畏怖の対象とされてきた。陰陽道に見られる方位信仰も見られる（ibid.：1-13）。

　八ヶ岳修験道の始まりとなる真鏡寺について水原の論考を基にみると、真鏡寺は逸見氏（武田氏）の帰依のなかで礎を築いたとされる。真鏡寺開祖は「永観２年（984）八ヶ岳・明嶽円光峰にて大護摩修行　八峰蓮華院　念場住」（水原　1993：54、2005：9-10）とあることから、10世紀には開山している。また、真鏡寺中興初祖・真鏡浄岳法印の父浄蔵貴所・逸見法印・平塩法印（市川大門の平塩寺を平安時代に開基したので平塩法印といわれ、平塩寺住職から逸見の地へ移り住んだので逸見法印といわれる）は大峰・熊野に修行を重ねた天台密教行者であるが、加持祈禱のみならず易筮にもすぐれた陰陽家であった（水原1993：57）と云われ、天台宗と陰陽道の密接が分かる。「真鏡寺世代略歴」によると赤岳の別当である真鏡寺の一世真鏡（念場住、983年の修行記録あり）、そして二世（1249年東井出住）から三十一世（1830年生まれ）に至る歴代法印の居住地は、北巨摩郡高根町の念場、東井出、西井出、村山などであった（※念場は旧樫山村に属す）。ちなみに、心鏡寺歴代の活動のなかで、二十四世（1664-1736）のときに「享保年間同行の儀は樫山村玄達院・大楽院、……（略）」（ibid. 1993：62）とある。なお、「甲州巨摩郡逸見筋樫山村諸色明細帳」（1724）には「山伏　当山玄達院・大楽院・藤本坊」が記されていて、旧樫山村にはデイラクデン（大楽院）の地名と伝承が残る（大柴　2020：152-55）。また、小淵沢町はじめ地域には修験者の石像や木像、不動明王の仏像も現存する。

　樫山村と小淵沢村は、共に八ヶ岳修験道と真鏡寺と関係していたことが見られる。

３）樫山村と小淵沢村は八ヶ岳修験道圏

　小淵沢村と樫山村の関連は上記（前述）の他に、次の事項からも窺われる。

　水原の論考によると、八ヶ岳前宮社（権現岳に対する遥拝地）として、美ヶ森（ほとんど樫山村の内）および観音平（小淵沢町）も前宮とほぼ同じ等高線上に位置する遥拝地と思

われる（水原a　1983：814）。また、美ヶ森は「斎し森」で「宇豆久志ト云フハ方言ナリ美麗ノ義ニアラズ」（『甲斐国志』巻29）とあり、神の森であった。一方、観音平は矢の堂（八ヶ岳南麓の小淵沢町の北に位置する）があったと云われる所で、祭祀のお堂はもとより山岳霊場として「どうたひら道」を遥拝道として、天沢寺は観音平を遥拝地とする八ヶ岳信仰の重要な役割をなし、大泉村谷戸を中心とする逸見地方一帯から信仰を集めていたと水原は考察している（水原a　1983：814）。

　地理的に小淵沢村と樫山村は、八ヶ岳南麓で近接する位置に在る（**地図1.2.参照**）。両村は同じ修験道圏にあり八ヶ岳修験において関係していた。小淵沢村昌久寺刊『癘癘千金寶』が現在の小淵沢地域では亡失されているが、樫山村に現存していたということは、両村の修験関係を示す。『癘癘千金寶』は修験に密接であると分かる。

3．天台宗・真言宗・修験道、甲州と武州の交流

『癘癘千金寶』に見られる八ヶ岳修験との関係を、さらに天台宗・真言宗、修験道の僧や修験者たちの活動の様子[15]からも見よう。

　そもそも最澄（767-822）が日本に開創した天台宗は、東国（平安時代以降では箱根・足柄・碓氷以東の国をいう）の布教が重視され817年に東山道から東国伝道の旅に始まる。また、初期天台の座主は円仁はじめ東国出身者がほとんどで、「東国の化主」といわれた鑑真の弟子の道忠は武蔵国出身者であったことが云われている（山梨県　2004：682-686）。また、同時代の真言宗の開祖・空海（774-835）も、東国に対して積極的な真言宗の布教活動を行い（ibid.）、825年には弟子を派遣し、真言密教の流伝を依頼し、甲州へも同様に弟子が派遣されている。後に、新興の天台・真言の密教教団が従来の寺院を別院化する（末寺とする）ことが流布し多くの末寺が生まれ普及する（ibid.）。また、地域に在る海岸寺に臨済宗を開山した石室善玖は、嘉暦元年（1326）入元の後京都から後に鎌倉の建長寺に住み後に武州・岩付平林寺を開いた（山梨県立図書館　1968：686）。このように、平安期から甲斐の金峰山や富士山は諸国の山伏が集る修験道場として隆盛を極めたこと、そして、甲斐国が東国の修験道中心地であったことが云われている。

　地域の伝承や民俗の中には、真言宗・空海（弘法大師）の甲州金峰山「大日岩・大日小屋、カンマンボロン」の伝説（空海が適当な神域を探すため甲斐国を訪れた際に、みずがき山の岩に刻み込んだ梵字がカンマンボロン・大日如来）をはじめ、金峰山登山口に当たる旧増富村には弘法大師伝承・信仰が多く見られる。また、現在でも修験者が存在する。旧増富村から小尾峠の岩屋堂（前述）を経て旧樫山村に至る峠道から樫山村にも弘法大師伝説・伝承や修験の伝承が残る[16]。また、小淵沢町に在る旧平田家住宅（17世紀後半築推定　国重要文化財指定）など東向きの旧家は金峰山信仰（金峰山方向遥拝）のためであると云われている。同じく旧樫山村においても旧家と云われる家は東向きである[17]。この事象もまた、地域において金峰山と修験道信仰が盛んであった歴史を示すものといる。

　このような甲州と武州の交通往来には馬が伴った。そして、馬については古代より東国

V章　地域の馬と馬療・宗教・歴史社会、そして『癘癘千金寶』由来　　115

が拠点であった。それは、『延喜式』ある信濃・甲斐・武蔵・上野の四つの御牧が東国で
あったことでも分かる。ここで、馬療については、馬と東国（ここでは主に『馬の写本』
の出所の武州とする）および仏教（天台・真言・修験）を繋ぐ交流の足跡からも見ることが
できる。

　次の章で、甲斐と武蔵の交通往来と馬・馬療および宗教（天台・真言・修験など）につ
いてもみよう。

三節　『馬癌千金寶』と『馬の写本』

１．近世文書に見る甲州と武州の往来と馬・馬療

１）古代から近世へ、甲州と武州の盛んな往来

　馬療に関する武蔵伊奈村の近世文書があり（内容は後述）、そこからも甲州と武州の交
流が見える。信州から甲州を経て武州に至る頻繁な往来は、武蔵伊奈村の起源が信州伊那
村の石工の開拓に因むこと（北原　1968）、また秩父霊場の観音石像には信州伊那の石工
や修験者による幾多の観音石仏や磨崖仏が見られること（唐沢　1963）からも分かる。特
に江戸時代における甲州から武州への頻繁な往来には、秩父の三峰山信仰および観音信仰
が関わる。甲州・北巨摩の「矢の堂観音」と「岩屋堂観音」のご詠歌が、秩父観音霊場札
所の三十四番と二十五番のそれぞれのご詠歌と類似していることは（一節）、甲州・北巨
摩と武州・秩父観音霊場との往来が窺えるものである。

　甲州と武州の往来は古からの往還道がある。小淵沢村や樫山村の地域では、佐久往還[18]、
棒道などを経て、信州間道や十国峠街道・武州道（信州佐久の高野町宿−中山道の武州新町
宿の間）、また、秩父往還と穂坂道を往来した。なお、秩父往還と穂坂道を繋ぐ幾筋もの
秩父往還御嶽道が使われた。

　穂坂道と秩父往還は甲斐国が東国の修験道中心地であったと云われる古代から、そし
て、北巨摩における修験院の最多数を占めていた時代（二節）を通して修験者の往来が盛
んであった。穂坂道と秩父往還に囲まれた中に修験道で有名な金峰山が位置する。この
山々を中心にして両街道をつなぐ幾筋もの御嶽道がある。御嶽道は金峰山信仰や三峰山信
仰の参詣の街道であり、天台真言修験の山伏道場でもあった。

　地域における金峯山信仰を見たとき、小淵沢や樫山村の旧家が東向きであるのは金峰山
信仰に因るものだと云われているが（前述）、これは、小淵沢村や樫山村において修験道
が盛んであったこと、武州との往来が盛んであったことを物語る。また、近世になると地
域では三峰さん信仰が盛んであった。三峰講の代参は、昭和20年代まで行われていた。

　また、秩父往還は古代ヤマトタケル東征伝説から始まり、室町・鎌倉時代の戦闘の歴史
が語られる。中世には秩父栃本の関所の設置が戦国時代武田信玄の秩父侵入の際に設けら
れ、武州からの進攻に備えたものと云われている（『新編武蔵風土記稿』1884：119）。秩

父往還は秩父側では信玄道とも云う。江戸時代になり地域の開発と増産、そして庶民生活に馬が普及してくると、樫山村、小淵沢村はじめ北巨摩郡地域の人々は佐久往還から信州間道（信州・川上の梓山―十文字峠―秩父の栃本宿）を経て栃本へ出て、そこから秩父観音霊場、三峰山参りに出かけた。明治・大正の時代には甲州・北巨摩郡や信州・南佐久地域の馬を関東地方へ供給する道にもなった（大柴　2010：130-134）。

なお、近世における街道と小淵沢に注目すると、小淵沢には甲州街道の難所であった釜無川の出水に因り蔦木宿から逸れて小淵沢へと継ぐ「原道」（蔦木宿から韮崎宿の間）が開かれていた。「原道」（前述）は『甲斐叢記』によると「天正以後の路なるべし」とあり、小淵沢は宿駅となり問屋が存在した（小淵沢町誌上　1983：515-22）。明和5年（1768）小淵沢村宿駅問屋の助郷村設置の請願や伝馬役をめぐる訴訟文書が存在し、この時期に交通量・馬の往来が急増したことが分かる。

このように、甲州・武州の往来は古代から中世、近世を通して戦争と馬と信仰が一体の歴史を経てきたことが見える。そして、戦国の時代には武士と馬が活躍し戦勝祈願・祈禱がおこなわれ、近世になると農民と馬が活躍し安全祈願・祈祷が行われた。馬は貴重であり馬療の専門家・馬医が存在したであろう。馬療の専門家は宗教者でもあった。馬療には馬療書も在ったであろう（現在、その馬療書の史料は確認されていないが）。

2）馬療の「血とり」は戦国武田氏の時代にも行われていた

馬療に関する武蔵伊奈村の近世文書「19世紀の馬治療記録―旧家所蔵日記から」（五味・長尾 1989）があり、その中で馬療および甲州と武州の交流を窺い知ることが出来る。

ここでは、信州諏訪地方穴山村（**地図2.参照**。⑤と同じ旧玉川村に属し旧街道筋に在る）と甲州にかけての村々において文政13年（1830）に取り交わされた「馬医議定書」が在る。そこには、「血取り年四回で百文」「庭治療は一回三十二文」など治療上の金額を定めている。また、この馬療日記（弘化3年－嘉永7年）には、「馬つくり」「馬ふせ」の記載がある。著者によると、これら馬の扱いや伯楽の治療行為について信州および青森県や熊本県にも「馬つくり」「馬ふせ」の他、「血出し」「血下げ」「血取り」など同様な行為を示す言葉がみられたことを示し、これらから、<u>武州と他の地方の馬に対する行為は極めて相同的なもの</u>であると考察している（ibid.）。これについては、信州伊那地域や開田村、甲州富田村においても「血出し」「血下げ」「血取り」など同様なことばと施術が行われていた[19]。また、筆者の調査による旧甲州北巨摩郡でも「馬ふせ」「血出し」「血下げ」「血取り」の言葉が同様に用いられ存在していた。

なお、「馬医」「御馬ノ血トリ」の語が『甲陽軍鑑』「武田法性信玄公御代惣人数之事」の中にもある（笹本　1988：128-9）。このことから、「馬医」の存在と馬療の「血トリ（血取り）」が中世・戦国時代においても行われていたことを知る。

近世以降の馬と馬療について見たとき、19世紀以降の八ヶ岳南麓に位置する北巨摩郡と信州南佐久の村々、および旧増富村では、農耕馬や産馬（農耕だけでなく仔馬を得てトウネを売る）が盛んで、毎年馬の市が開かれていた。トウネは信州間道から十文字峠を越えて秩父、関東へ供給された時代が在った（大柴　2010：130-134）。明治20年には「海の口」市

V章　地域の馬と馬療・宗教・歴史社会、そして『瘄癪千金實』由来　117

場１ヵ所になり（移される）南部は馬産地としての地位が益々大きく成り、後の昭和20年代まで存続した。南牧村の「市場」に集う人々の中には『馬症千金宝』を活用していた信州広瀬村や甲州樫山村の住人が居た（第Ⅰ章）。この信州広瀬村住人の菊池福次郎氏によると（昭和11年時談）「馬の病は一概にナイラと云ひバショウをみたてて治そうとした。ハクラクは春秋二度馬の爪を切りに来て前足のキュドウと首のフジと云ふ處からクロチをとった。……（※下線筆者、「血取り」のこと）」と語っている。この馬の「市場」と武州を往来する馬喰の間では、バショウ（『瘄瘄千金寶』のこと）も含めて馬療の交流・交換も在ったであろう（その実際資料は分かっていないが）。

　３）『瘄瘄千金寶』に「血取り」の記載は無いが「針すべし」は「血取り」でもある

　馬の「血出し・血取り・血下げ」（瀉血施術）は近世において、地域はじめ全国的に主流として行われていた馬療術であったと見られる。この「血取り」は、中世戦国の時代にも見られた。『瘄瘄千金寶』では「血取り」の表記が無いが、対処法の「針すべし」は「百会」「志ゆみ」「せんだん」「たまき」などの経穴に処される瀉血施術でもあったか[20]。

　なお、上記した信州広瀬村住人の菊池福次郎氏が（昭和11年時）「馬の病は一概にナイラと云ひバショウ（瘄瘄千金寶）をみたてて治そうとした。ハクラクは春秋二度馬の爪を切りに来て前足のキュドウと首のフジと云ふ處からクロチをとった」と、「血取り」が記されている。但し、ここで『瘄瘄千金寶』にキュドウと首のフジは無く、ナイラの記載もないが、日本の「馬医古書」中では経穴名（キウタフ、九動）（上節、下節はフジか？）があり、馬の病を内羅、ネイラということが一般的に見られる。これをみると、ハクラクはバショウをみたてて治そうとする一方で実際はバショウには無い近世の馬医書にある馬療を行っている。これは、(昭和11年時)『瘄瘄千金寶』の旧態を示すものとも考えられる。

　２.『瘄瘄千金寶』甲州逸見と『馬の写本』武州廰鼻和の接点

『馬の写本』に記されている武州廰鼻和の地が不明とされていたが（松尾・村井1996:298-9）、2010年の調査時に廰鼻和が埼玉県深谷であることを知った。そして、馬と武州と甲州の往来が見えた。

　１）「古河僧正（王・子・孫）武州廰鼻和住安西某」は廰鼻和上杉氏の馬医である

『馬の写本』中の一段落目と二段落目に、古河僧正王孫武州廰鼻和住安西弥次郎重久、山田馬之介高家の記載がある（写真Ⅲ．Ⅰ章）。そして、三段落目には『瘄瘄千金寶』と類似記載があり「渡鳥喜蔵　天正拾七年正月吉日」の銘がある（Ⅰ章）。一、二段落目に記された武州「廰鼻和」[21]が不明であったが、2010年５月に埼玉県高麗郡の調査時に日高市在住の郷土史研究家の横田氏から『新編武蔵風土記稿八』に廰鼻祖郷の名があることを教えられた。「新編武蔵風土記」（林　1969：:26）に「高札場　小名　廰鼻祖郷　或ハ廰鼻祖原トモ唱ヘ村ノ西北國濟寺ノ境内ヲ云…」とあり、廰鼻祖郷は現在の埼玉県深谷市国済寺地区であることが判った（写真16.）。現地の聞き取り調査および資料から次ぎの事を知り得た。

深谷の上杉氏の祖は上杉憲英であり、憲英の父は関東管領足利基氏の執事上杉憲顕で鎌倉に住んでいた。憲英は館を武蔵国幡羅郡廳鼻和（廳鼻和は他に廳鼻和固廳鼻、廳鼻祖郷、廳鼻とも記され、今日の大里郡幡羅村国済寺の地）に 1360 年代ころに城を構えた。憲英の次代の憲光と次の代の憲信の 3 人は「廳鼻和」の文字を冠し、史上「廳鼻和上杉氏」ともいわれた（以上、山口 1987：31-37）。鎌倉を出て廳鼻和に館を構えた憲英は、陸奥守、上野守護職、奥州管領になり、長男の憲光が「廳鼻和左馬介」とも云われ奥州管領であり、憲光の子の憲信が「六郎右馬介」とも云われ、憲信の子の房憲は「三郎右馬介」と云った（ibid.：36,38）。

廳鼻和の地に赴任した左馬助、右馬助は馬寮役人でもあった。左馬寮・右馬寮は馬寮の一つで、衛府に属し御所の馬屋の馬・馬具および諸国の御牧のことをつかさどった役所である（馬寮とは、令制で、諸国の御牧や官牧から毎年貢上される馬の調習・飼養などに携わった官司。左右にわかれ、それぞれの四等官のほかに、馬医・馬部・飼丁などの職員を置いた。―大辞林より）。上杉氏が鎌倉から廳鼻和に移り館を構えるのは 14 世紀後半から 17 世紀の間である（深谷上杉顕彰会 1986 も参照）。

ところで、現在確認の馬医古書の中で「武州廳（廳）鼻和」が明記されているものは三点ある。年代の古い順に記すと、一つは永正八年（1511）『永正・安西流馬医絵巻』の「古河僧正子孫武州聴鼻和住人安西播摩守」、二つ目は本論の天正十七年（1589）『馬の写本』の「古河僧正王孫武州廳鼻和住人安西弥次郎重久 山田馬之介高家」、三つ目は承応元年（1652）『療馬元鑑集』の「武州廳鼻和住人安西播麿守平朝臣 右安西古河の僧正末孫」である（一つ目と三つ目は松尾・村井 1996：298-9 参照）。

これら三点は「廳鼻和上杉」の時代である。このことから、16 〜 17 世紀における廳鼻和の地に安西流の僧馬医が存在したことが判る。そして、ここに記されている安西某・山田某などの人物は「廳鼻和上杉」に属する僧馬医・馬療者・馬医であると言える。

2）廳鼻和郷は古代より馬と交通の要所であった

廳鼻和郷には鎌倉街道（奥州へ抜ける奥州路、上野・信濃へ抜ける上野信濃路など）が通り、元弘 3 年新田義貞が鎌倉攻の際に通過したという伝承が残る。また、応仁の乱の後、遊歴する僧侶・文人の一人である尭恵の「北国紀行」文中に文明 18 年（1486）美濃より東国旅行の途に越後、上野を経て武蔵「ちやうのはな」（廳鼻和）を通った記録がある（塙 1992：672）。そして、高札場があった。このことからも、「廳鼻和郷」の地は古代より御牧の東国へ通じる街道の要所に位置していたことを知る。廳鼻和郷と高札場があった処は現在の国済寺が在る処である。国済寺の前は東西に中山道が通る。中山道は現在の国道 17 号にほぼ重なる（**写真 18**）。

国済寺の開基は上杉憲英による。なお、廳鼻和上杉氏は仏教への帰依が深く憲英による国済寺開基をはじめ（国済寺は地名でもある）、代々上杉氏による寺院の開基や寺への寄進などが多くみられる（ibid.：47,48）。

以上、武州・廳鼻和の地が判明し、廳鼻和上杉氏は鎌倉を出て 14 世紀後半から 17 世

紀の間に廰鼻和に館を構えていたこと、廰鼻和上杉氏は陸奥および上野の守護職および奥州管領職に就き馬と関わること、仏教につながりが深いこと、などが見られた。そして、「古河僧正（王、子、孫）武州廰鼻和住安西某」は廰鼻和上杉氏に属する僧馬医・馬療者であることが判った。

写真 16．（左上）
　武州廰鼻和（現在の深谷市）に在る国済寺

写真 17．（右上）
　国済寺の境内に建つ「廰鼻和城址」の標識

写真 18．（下）
　国済寺（前方左の森）門前を通る中仙道
　（手前江戸方面、現在の国道 17 号）

（2015 年 5 月筆者撮影）

3）寺を通して逸見武田氏と廰鼻和上杉氏の接点

　矢の堂観音別当・昌久寺の本寺を順に辿ると、以下の①から②③④⑤⑥へと本寺が繋(つな)がる。（以下、①から④は『甲斐国社記・寺記』を⑤⑥は『日本社寺大観』寺院編を主に参考。また、本・末寺関係と開山・開基等については各寺の現住職氏から聞取調査による）。寺の本寺を辿ると、そこから甲州と武州の交流・接点が見えた。以下、寺、所在地、開基、本寺、の順に記すと次のようである。

①昌久寺（曹洞宗）甲州・小淵沢村（山梨県北杜市小淵沢町）。
　開基は慶長五（1600）年、開山は巨摩郡片颪村清泰寺十二世。<u>本寺は清泰寺</u>
②清泰寺（曹洞宗）甲州・巨摩郡片颪村（山梨県北杜市白州町花水）。
　開基は新羅三郎義光 大治元年（1126）、開山は興因寺三世 文明 6 年（1474）。<u>本寺は正覚寺</u>
③正覚寺（曹洞宗）甲州・巨摩郡若神子村（山梨県北杜市須玉町）。
　開基は新羅三郎義光嫡男義清大治 2 年（1127）創立、開山は能登国惣持寺。<u>本寺は興因寺</u>
④興因寺（曹洞宗）甲州・積翠寺村（山梨県甲府市下積翠寺町）。
　開基、開山については不明確だが次の記録あり。「甲州北山筋興因寺領之事……伊奈熊蔵書判　天正十七年（1589）」「開基 新羅三郎義光嫡子<u>相模権守義業</u>公法名興因寺殿（……後焼失し確かなことは分からない）文明五年（1473）中興」。また、「<u>相州足柄上郡関本村最</u>

乗寺江輪住之儀……（略）」（甲斐国社記・寺記：41 頁）。<u>本寺は最勝院あるいは最勝禅寺</u>
⑤最勝院あるいは最勝禅寺（曹洞宗）豆州・加茂郡大見村（伊豆、田方郡大見村字宮上）。
『日本社寺大観』によると「相州小田原　最乗寺末なり（※『日本社寺大観』に最勝寺末と
あるは誤り）。上杉憲忠（或いは云ふ憲清）の開基」とある。<u>鎌倉の管領上杉憲清が祖父重</u>
<u>公の菩提を弔うため永享五（1433）年廃寺跡を再興しこの地に建立</u>（以上は、2021.3.12
最勝院と最乗寺に確認した）。<u>本寺は最乗寺</u>
⑥最乗寺（曹洞宗）相州・足柄上郡関本村（神奈川県南足柄市大雄山）。
『日本社寺大観』に「應永元年（1394）了庵慧明の開創に係る。永禄三年（1560）北条
氏康堂宇を修理す。……（略）」。「最乗寺と上杉氏とは無関係である」（2021.3.8　最乗寺
住職談）。

　以上の寺の本寺・末寺系譜から甲州・武田氏と武州の上杉氏の接点が見られる。それ
は、昌久寺の3代前の本寺である ④興因寺は、新羅三郎義光嫡子<u>相模権守義業公</u>（法名
興因寺）開基とあり相模の地に関わる。そして、昌久寺の4代前の本寺である ⑤最勝院
は、上杉氏鎌倉管領<u>上杉憲清が永享5（1433）年廃寺跡を再興</u>とある。上杉憲清は、武
州・深谷の初代憲英から6代目に当たり、上杉系譜でみると初代憲英（父関東管領足利基
氏の執事上杉憲顕で<u>鎌倉に住</u>）の時から館を武蔵国<ruby>廳鼻和<rt>こばなわ</rt></ruby>に構え2代目は憲光（<ruby>廳鼻和<rt>こばなわ</rt></ruby>左馬
之介）、3代目は憲長、4代目は憲信（六郎右馬介）、5代目は房憲（三郎右馬介）、そして6
代目が憲清であった（前述）。また、<u>④甲州の興因寺と⑥相州の最乗寺は僧の輪住</u>が行わ
れている。このような寺を通した両者接点の中で、馬療知識の交流や共有が在ったと考え
られる。

3．元本「癘瘝千金寳（仮称）」は 15 〜 16 世紀に存在した、起源は鎌倉時代

『癘瘝千金寳』刊行に関連して見たとき、次のことが要約される。
　戦国武将による戦勝を左右する要となったのは馬であり、馬療（馬の守護・安全・健康
管理）は最重要課題であった。馬療の専門家である馬医は当時の知識人である僧・宗教者
が関わっていた。鎌倉・室町時代から戦国の当時において甲州・相州・武州に跨り武将の
武田と上杉の仏教信仰・帰依や寺の創建や再興・中興が見られる。これら寺同士の輪住や
往来・交流が存在した（前述）。武州廳鼻和　天正17年（1589）の銘が記された『馬の
写本（祭事ノ巻）』と『癘瘝千金寳』甲州の類似は、廳鼻和上杉氏と逸見武田氏との接点・
交流の結果を示すものと言えるだろう。これにより、『癘瘝千金寳』（版行は18世紀後半―
前述一節3.）には、15 〜 16 世紀の戦国時代にその源（元本「癘瘝千金寳（仮称）」として
おく）が存在していたと考えられる。
　元本「癘瘝千金寳（仮称）」は鎌倉時代に遡る。その背景と理由は、前述の如く<u>廳鼻和</u>
<u>上杉は元（初代）は鎌倉住居であったこと</u>、昌久寺本寺を辿るとの清泰寺や正覚寺また興
因寺は鎌倉時代に遡ること、武田氏の矢の堂縁起と馬の加持祈禱が鎌倉時代に遡ること、

Ⅴ章　地域の馬と馬療・宗教・歴史社会、そして『癘瘝千金寳』由来　　121

そして、鎌倉時代は宋からの最先端文化（医学など）を率先して輸入した時代であること。つまり、18世紀後半『癘瘊千金寳』昌久寺木版は、鎌倉時代に起源を持つ元本「癘瘊千金寳（仮称）」からの写本である。元本「癘瘊千金寳（仮称）」（写本）を基に、18世紀後半に僧・修験者により加筆・修正されて昌久寺『癘瘊千金寳』が木版された、ということではないだろうか。

では、15〜16世紀の戦国武田氏と馬、そして寺僧・修験者はどのようであったか。また、『癘瘊千金寳』には、近世の地域信仰や修験が記されているが、昌久寺はじめ地域の宗教の歴史・活動はどうであったか。次で見て行こう。

四節　戦国武田氏と馬、馬療と宗教

1．戦国武田氏と「矢の堂観音」

1）「矢の堂別当昌久寺」

天正2年（1574）に小尾丹波頼氏が現地に在った阿弥陀屋敷に阿弥陀如来を勧請したことに始まり、慶長5年（1600）徳窓玄夢庵主が開基となり阿弥陀屋敷に昌久寺を開創した。そして、宝永5年（1708）清泰寺12世和尚を請し開山する（小淵沢町誌　1983：796）。伝承によると昌久寺は天沢寺廃寺後に義光山矢の堂別当となる（後述）。寺には宝永5年（1708）の開祖から十世までの和尚の戒名が残るが、この間の文書や伝承は不明である。その後、明治29年（1846）に法地開山となり[22]、この時、富士見町三光寺（甲州武田氏に因む寺）[23]の二十世和尚を請した。明治26年に檀信徒の喜捨により本堂建立、明治33年に昌久寺および三光寺檀家の寄進により寺は修理され完備する。明治35年土蔵、玄関を創建、昭和15年鐘楼門建立（現在は無い）。昌久寺の本堂・庫裡・鐘楼門は、平成8〜9年町道拡張工事の際に取り壊され、その後、再建されていない（写真19.）。和尚は次の二世、三世、四世、五世、そして現在の六世に至る。檀信徒数　95戸。

六世の現住職（1942生）によると次のような経過を経ている。「祖父四世（1861-1941）は、岐阜の人であり富士見町三光寺[23]で修業の後、東京芝の青松寺で修行後に昌久寺へ就任し再興した。当時の昌久寺は荒れ果て引き継ぐものも無い状態であったと聞いている。四世が1941年示寂（80歳）により、昌久寺へは青松寺から三浦金翁（五世の兄弟子になる）が一時住職を務めた。次に、五世（1918-1962）が就任し、44歳で示寂する。そして、現在の六世に至る。四世以前の歴史は殆ど不明である。『癘瘊千金寳』については「公民館に保管されていると聞いたことがあるが不明である」という。

以上から『癘瘊千金寳』版行について見たとき、1600年開基の昌久寺は以降の歴史の中で比較的少規模の檀信徒数の末寺ということなどもあり、細々と存続してきた様子から、大きな経済負担を要する新たな馬療書の著作・版行の可能性は考え難い。

2）天沢寺廃寺と「矢野堂別當昌久寺」の伝承、歴史

写真19. （左）昌久寺（建替える昭和40年代前までは茅葺の寺であった）
写真20. （右）矢野観音堂
　　　　　　（昌久寺から数百メートル南に下った林の中の茅葺屋根）
　　　　　　　　　　　　　　　　　　　　　　　　　　　（2021年9月撮影）

『般若経勧化簿（趣意書）』（1820年吉日）では次の伝承が記されている。「天沢寺には甲斐源氏の祖新羅三郎義光が、弘法大師の作で矢の堂観世音と呼ばれる像を、大津の三井寺（Ⅰ章 注9）より移して建立したもので、仁安年中（1166-69）に義光の孫である逸見冠者清光が、殿平に小淵山天沢寺を創建して矢の堂別当とした。戦国期には甲斐源氏所縁の堂であることから武田信玄が崇拝し、軍神として信仰していたところ、大門峠の合戦に勝利したため、これを機に八ヶ岳の堂平に矢の観音を移祀し、堂平は観音平と呼ばれるようになった。武田家滅亡後、荒廃した矢の堂を村民が再び天沢寺に移すが、同寺が廃絶したため、昌久寺を別当とするようになった」。また、「八ヶ岳の山麓一帯が諏訪国に接し、明神の狩場であったころ、この地に繁茂していた篠をもって狩矢を矧ぎ、明神に奉ったという。中古、義光が任国の折、社領を寄進し、堂宇を修繕したと伝える」『小淵沢町誌（上）』（1983：335）といわれる。

　実際では、天沢寺関係文書（明細帳、家系図）によると天沢寺は永禄11年（1568）以前には存続していたと推察され、その場所は寛文6年の検地長にある字名「小森・天沢森」から現在残る字名・小森の地内と考えられている（ibid. 1983：791）。また、伝承の「大門峠の合戦」は、天文11年（1542）3月の瀬沢（現在の富士見町）の合戦後の同年10月に、大門峠で村上・小笠原の軍を破ったという合戦のことである。天沢寺廃寺は、武田氏滅亡時の天正10年（1582）の時期と見なされる。このように矢の堂観音伝承については、戦国武田氏の戦闘と馬に関わり戦勝祈願・軍神崇拝の史実の一端が窺える。

2．中世武田氏と観音堂、馬頭観音

1）観音堂、戦勝祈願と馬の加持祈禱

　矢の堂観音祭と観音堂の歴史を辿ると、中世の武田氏に始まり語られている（Ⅴ章一節）。歴史を見たとき1500年代の甲斐武田は、諏訪家との争いや信濃侵攻が始まり、西

の小淵沢から諏訪地域へ、中信・北信地域へ、また東の樫山から十文字峠をへて東信・佐久へ、そして川中島へと進軍した。小淵沢と樫山は甲斐国の西と東で、それぞれ信濃の国堺にあり信濃侵攻の突破口に位置する（**地図2.**）。つまり、小淵沢の昌久寺・矢の堂観音は信州（諏訪郡）との西側国境に位置し、また、樫山の千福寺・御安観音堂（一節）は信州（南佐久郡）との東側国境に位置する（**地図2.**）。この両観音堂は侵攻の突破口にあり、出陣前の戦勝祈願・加持祈禱が行われたであろう。

武田信玄が出陣前に易者・禅僧に占わせたことが『甲陽軍鑑』にも記されているが、戦勝占い・戦勝祈願・加持祈禱は一体であった。戦勝を担う馬の加持祈禱は必須であった。戦勝祈願と馬の加持祈禱（馬療）は寺・観音堂で行われ寺僧・修験者が執り行った。

2） 戦国武田氏の観音堂、そして近世庶民の観音堂祭

武田氏衰退以降の近世になると、馬は庶民に普及していき馬療は現在に残る観音堂を中心にした「馬の観音祭り」に引き継がれていった。馬の加持祈禱が行われる観音堂祭は盛大であった（前述、一節）。和昭20〜30年代まで"蔵原の観音"は「一の午」の祭りといわれ、小淵沢の"矢の堂観音"は「二の午」の祭りといわれた。また、「三の午」の祭りといわれた信州"粟沢の観音"がある。これについて、信州の地元では「三の午」祭りとは言われていないが、粟沢観音の祭りは「八十八夜」祭りと言われ八十八夜に行われてきた。粟沢観音は小淵沢村に接する信州・諏訪地域に在り、甲州では小淵沢村の"矢の堂"に対し"弓堂"といわれたという伝承もある（小淵沢町誌 2006：773 も参照）。粟沢観音の本尊は馬頭観音である。祭りは僧侶により護摩を焚き加持祈禱が行われる。

伝承だけの観音堂祭も複数残るが、現存する蔵原の観音と矢の堂観音（前述、一節）、そして粟沢の観音は甲・信の隣接地（甲・信を繋ぐ旧街道沿いの地）に在り（**地図2.⑤**）、かつての繁盛が語られている代表的な観音堂である。

信州の粟沢観音の歴史についても見ておこう。"粟沢の観音"の正式な名称は「小泉山観世音堂」と言い、本尊は馬頭観世音である。所在は、信州・神之原村粟沢（現在の茅野市玉川小泉）にある。小泉山<u>観世音堂（本尊馬頭観音）</u>は小泉山小泉寺（真言宗）の所属であり小泉山の山頂にあったものを、<u>天正11年（1583）</u>小泉山から粟沢の里に引っ越した（茅野市 1988：238、田中 1979：68-84）。その経緯について諏訪神長官文書「小泉山馬頭観世音事由」によると、馬頭観音は「（略記）<u>武田家エ属スヲ天正十年織田信長武田勝頼追討ノ際諏訪越中守等ト供ニ粟沢一族滅亡ス。故ニ霊仏尊崇ノ主ナク其翌年小泉山ヨリ現今ノ地ニ移ス</u>」とある。この文書により、当初の小泉山頂に在った<u>馬頭観音は武田家</u>所属（祀り）であったが、天正11年（1583）に武田滅亡が契機で現在地・粟沢に引っ越したとある。その後、天正14年（1586）に粟沢の小泉寺は中金子（現在の諏訪市）へ移るが、観音堂は粟沢に在り、"馬の粟沢観音"といわれ祀られてきた。

近世に至り粟沢観音祭は地元諏訪地域はじめ、甲州小淵沢村一帯から、信州松本方面・木曽・伊那地域からも馬を引き連れ参拝し安全祈願の衆で賑わった。また、諏訪郡霊場百番中の拾番札所となり御詠歌がある。現在の粟沢観音の境内には、奉納された絵馬や木馬、馬頭観音が見られ西国や四国の霊場供養塔、山中には奉納された大小さまざまな馬頭

観音石塔が無数立ち並び、かつての祭りの盛大だったことが看取される。(**写真21.〜24.**)

甲・信往来の旧街道沿いに位置する粟沢観音は蔵原の観音や矢の堂観音（前述）などと同様に、その歴史・縁起は戦国期の武田氏と馬頭観音信仰・馬の加持祈禱に因っている。

写真21.（上左）
　粟沢観音（小泉山観世音堂）
　「百番観世音」石塔

写真22.（上右）
　粟沢観音（小泉山観世音堂）
　石段と石塔群

右：馬頭観音石塔群の一部
中：「宝暦□□大悲観世音
　　　　二月吉日」
左：「西国三十三番
　　　四国八十八番霊場供養塔」

写真23. 奉納絵馬の図　　**写真24.** 奉納の木馬と馬頭観音像

(2022年10月撮影)

3．戦国武田氏の菩提寺創建と観音堂建立

　武田氏と馬頭観音信仰・馬の加持祈禱に関わる「観音堂」は寺に所属している。小淵沢町に在る古くからの寺院は五ヵ寺ある。この五ヵ寺は全て禅宗（曹洞宗）であり開基が中世の武田氏に因むことが見られる（小淵沢町誌1983：790参考）。

以下、五ヵ寺について開基年の古い順からみると（カッコ内は開山年）次のようである
（1）高福寺 1529年（1559）——本寺は清泰寺（開基1126年・新羅三郎義光による）。
　　高福寺の開基1529年は、武田信虎が諏訪氏と神戸境川の戦に敗れた翌年になる。
（2）円通寺 1556年（1582）——本寺は清光寺（開基1151年、武田の祖・黒源太清光による）。円通寺の開基1556年は、第二次川中島の戦いの翌年に当たる。
（3）昌久寺 1574年、1600年（1708）——本寺は清泰寺　新羅三郎義光開基（上記の高福寺と同じ）。なお昌久寺は矢の堂別当天沢寺廃寺（武田氏滅亡の1582年頃）に因り、矢野堂別当昌久寺・矢野観音堂の創始となる（前述）。

V章　地域の馬と馬療・宗教・歴史社会、そして『瘄瘰千金寳』由来

（4）薬王寺1607年（1614）──本寺は（1）の高福寺 ──本寺は清泰寺 新羅三郎義光開基（上記）。

（5）東照寺1683年（1689）──本寺は（2）の円通寺 ──本寺は清光寺 武田・黒源太清光（上記）。東照寺1683年（1689）は天文年間の真田氏の創立が伝承されている。

　以上から、小淵沢地域における寺院の建立が戦国武田氏に因むこと、建立は信州佐久や諏訪地方侵攻川中島合戦に関わっていることが分かる。この戦闘・侵攻時の寺院建立には、戦勝祈願と、そして先祖・親族はじめ戦死者の菩提・弔いが希求されたことが考えられる。なお、観音堂建立では戦勝祈願・馬の加持祈禱が行われた。

　武田氏の滅亡（1582年）から近世（1600年）以降に至ると、馬は武士の戦闘から庶民の農耕馬や中馬の時代に移っていく（前述）。戦国時代の観音堂における馬の安全祈願・加持祈禱は、近世になると庶民の「観音堂祭り」になっていく（一節）。

4．修験者と馬療書『癙癆千金寶』

1）修験道法度と修験者の定住化

　馬の安全祈願・加持祈禱は僧・修験者によって行われた。昌久寺木版『癙癆千金寶』には地域の修験宗教に関わる事項が記され、修験と密接なことが見られる（IV章、本章二節）。八ヶ岳、金峰山、甲斐駒などの主峰に囲まれた地域の修験道の歴史は古く、奈良・平安時代において甲斐国は修験の中心地であり、中世以降においても多数の修験寺院が存在し修験活動は盛んであった。

　近世以降の修験道の辿った歴史を見ると、江戸幕府の宗教統制による修験道法度が慶長18年（1613）に定められる。修験道法度により、修験者は本山派、当山派のいずれかに属し定住を義務付けられた。当時の地域における修験活動について、『甲斐国志』（巻之九十一　修験ノ部）によると本山派、当山派とも修験院の多数と活動の様子が分かる。本山派六十余箇院の内には神力屋敷と呼ばれた玉正院（V章　岩屋堂観音参照）も在り、小淵沢村（上笹尾村、下笹尾村）の修験院が在る。また、当山派祇園寺触下70ヵ院の内には樫山村の大楽院や小淵沢村の五つの院（前記）、その他も記されている。他に当山派修験触頭、羽黒派修験院、他国の院同行などの分派に地域の村の修験院や修験者の名や関わりもみられ、地域の修験活動の盛んであったことが窺える。

2）修験院と「ひじり」の出現、病苦の救済や加持祈禱者

　ここで、樫山村における修験法度の影響が想定される次の資料がある。樫山村の慶長7年（1602）検地帳では、「おし」3筆、各3名の名請人が記されているが（※御師は僧や神職に類する者、村を回って祈禱したりお札を配りその礼金を集めたりしたと言われる）、寛文6年（1666）検地帳では「おし」の記載が無く修験院の大楽院29筆と「ひじり（※修験者）」20筆という多数の筆数と名請人が、初めて出現する（大柴2020：150）。これは慶長18年（1613）修験法度による修験者の定住化を反映したものと云えるのではないか。

ここで、戦国武田氏の諜報活動に関わり活躍した修験者たちは武田氏滅亡後にはどのような道を辿ったのだろうか。武田氏滅亡（1582年）から30年を経ている修験道法度（1613）だが、修験者たちはこの間にどのような道を辿ったのだろうか。修験道法度により、定住化が義務付けられた修験者は村内の宗教活動にかかわったであろう。住民の生活中の病苦・災難苦の平癒・鎮圧駆除などに応えるのは修験者・僧たちである。修験者は鎮守の別当、各種の祭りの導師を務め、憑き物落とし・病苦・災難苦除けの占いや加持祈禱など行う祈禱師となったであろう。そして、庶民の馬の普及に伴い馬療の需要が高まっていった時期において、馬療には率先して関わったであろう。また、一般民衆の山岳登拝の講を作り先達を務めるなどの活動も行った。

　中世の修験者・僧は一般に諜報活動に関わり、また占いや加持祈禱に関わり馬療の加持祈禱・本草・鍼灸にも通じていた。修験者・僧が関わり所持した馬療書も存在したであろう。実際の馬療資料は確認されていないが、例えば前述の元本「癘瘶千金寶（仮称）」の存在もその一つに想定される。元本「癘瘶千金寶（仮称）」には、仏教僧・修験者が関与し、保持したであろう。

　修験道は、その後の明治5年に廃止された。修験道廃止後も地域における修験活動は、また盛んであった[24]。

5.『癘瘶千金寶』昌久寺版（1700年代後半に木版）には「元本」が存在した

『癘瘶千金寶』矢の堂別当昌久寺木版は18世紀後半に版行されたものと云えるが、版行はどのように行われたのだろうか、経費はどのようであったか。

　まず原稿作成においては、中国古典に精通した学識者・漢学者や僧の存在があった。原稿著作者・馬絵作者など学識者の人材、そのルートと交渉依頼・経費、そして版行の人材、費用・経費など莫大な費用を要するが、それは可能であったか、と考えると当地域における経済・歴史からみた小淵沢昌久寺（前述）での版行の可能性は考えられない。だが、元本「癘瘶千金寶（仮称）」が存在していれば、それを基にして木版するならば可能性がある。

　元本「馬療書」は、当時においては庶民が手元に持っていたものではなく馬療専門家・僧修験者専用であったので、元本「馬療書」の「癘瘶千金寶（仮称）」は、戦勝祈願や馬の加持祈禱を行った戦国武田氏時代からの宗教者（寺院あるいは僧・修験者など）に保持されていたと考えられる（前述）。

　地域の僧・修験関係に保持されていた元本「癘瘶千金寶（仮称）」が、馬療需要が高くなる18世紀後半になって地域の需要と実状に応じて僧・修験者によって加筆、修正され『癘瘶千金寶』として発刊された、ということであったと考えられる。

まとめ

　地域において馬の「観音堂祭り」や馬頭観音建立が盛んな時代が在った。その歴史を辿ると、近世の開発増産と馬の普及および庶民生活の向上に伴い、馬の「観音堂祭り」や馬頭観音建立が現れる。「観音堂祭り」では馬の加持祈禱を行うが、その始まりは戦国武田氏に遡ることが見られた。戦国武田氏の時代において、馬は主要な戦闘要員であり「馬療」の加持祈禱は戦勝祈願と共に必須であった。馬療書（書付の類）も在ったに違いない（実物は現在のところ確認できていない）。

　次に馬療書『瘑瘰千金寶』には天台・真言・修験宗に関する語が記されていることから、修験宗教の歴史を辿った。地域（北巨摩郡）は古代より甲州と武州に繋がる修験の歴史があり、修験院が圧倒的に多い地域であった。そして、甲州と武州にまたがり修験者の往来が盛んで修験に関わる民俗伝承も多い。『瘑瘰千金寶』の小淵沢村と樫山村は、共に八ヶ岳修験道文化圏にあり共に活動した時代があった。

　次に、『瘑瘰千金寶』（年代不詳）と『馬の写本（祭事の巻）』（天正17年＝1589）の類似から、甲州と武州について見ていくと、甲州・武州は修験宗教を通して古より戦国時代を経て近世に至るまで盛んな往来が在った。そして、馬療書『瘑瘰千金寶（年代不詳）』と『馬の写本（天正十七年）』の類似は、15～16世紀に甲州・逸見武田氏と武州・廳鼻和上杉氏の共通する寺の接点があり、その結果に因るものと推察された。つまり、寺・寺僧の交流を介して一つの馬療書（知識）を両者が得ていた結果と考えられる。そして、この15～16世紀の馬療書は（元本「瘑瘰千金寶〈仮称〉」とする）鎌倉時代が起源であると考えられた。

　以上から、15, 6世紀に馬療書（元本「瘑瘰千金寶〈仮称〉」）が存在したと想定したことから、中世武田氏の馬・馬療に関してさらに見た。馬の観音・矢の堂観音は、戦国武田氏に関わる甲州と信州の旧街道沿いに位置している。そして、戦国武田氏に因む馬の観音（矢の堂観音など）では戦勝祈願、馬の加持祈禱が行われた。戦勝祈願、馬の加持祈禱は寺僧・修験者が執り行う。ここには、馬療書（書付の類）も存在したであろう。なお、また、地域において馬の観音堂は戦国の武田氏創建に因る菩提寺に属している。

　次に、馬療書『瘑瘰千金寶』は修験宗教と深い関わりがみられることから、修験宗教と修験者の歴史を辿った。徳川幕府の修験道法度が施行され（1613年）、修験者は地域に定住を義務付けられた。これにより、修験者は地域で住民の加持祈祷・占い・病気直し、そして馬の普及に伴い馬療を行った。近世になり、地域の著しい開発とともに馬の普及と馬療の需要が高まると、修験者は元本「瘑瘰千金寶（仮称）」を基に、それを加筆・修正して（地域の需要に呼応し）『瘑瘰千金寶』を版行したと考えられる。元本「瘑瘰千金寶（仮称）」は、戦国武田氏（1582年滅亡）の時代の馬療に関わる地域の宗教関係（寺院等あるいはその関係の僧・修験者等）に保持されていたものではなかったか。

　『瘑瘰千金寶』版行は1700年代後半から1800年代と見られた。近世になり、地域の著

しい開発とともに馬の普及と馬療の需要が高まる時期である。なお、安永10年（1781）には地域の一大事業とも言える矢の堂観音の再建が行われていることから、この一大事業に合わせて馬療書『癘瘍千金寶』版行が行われた可能性も考えられる。

注

1）午の日と観音堂の祭りは全国的に見られるが、祭りの趣旨・意味・内容などは地域により多様である。山梨県では「三観音」といわれた代表的観音があり（若尾　1935：226-229）、それは白根町の観音、甲府大鎌田の観音、本部中で取り上げる蔵原の観音である。北巨摩においては、ここで取り上げた4ヵ所の観音堂の他にも、海岸寺の観音祭（一節1の3）、聖観音あるいは馬屋尻の観音祭（高根町西割）などもある。ここでの4ヵ所は現在も祭りが行われ、あるいは廃れているが昔の盛況な「観音堂祭」が語られている観音堂である。

2）厩の入口から右向きに道路がある（馬が右に向いて道路に出ていく）場合は右向きの馬のお札、左向きに道路がある（左に向いて出ていく）場合は左向きの馬のお札を、それぞれの厩の入口に貼る。

3）北巨摩郡は古来において逸見筋、塩川筋、武川筋の地区名で呼ばれていた。北巨摩郡百観音霊場には塩川筋34ヵ所、逸見筋33箇ヵ所、武川筋33ヵ所があり、御詠歌がある。小淵沢は逸見筋に入るが、逸見筋霊場の中に昌久寺・矢の堂は入っていない。また、北村の調査によると（北村　2008：34）逸見筋33ヵ寺中に小淵沢町（小淵沢、篠尾、松向）の寺院は入っていない。その理由は解らない。

4）上杉憲清は鎌倉管領で最勝院は永享5年（1433）憲清が廃寺跡を再興したと云われる（三節参照）

5）甲斐武田氏は新羅三郎義光の子・義清を祖とする。武田氏は、甲斐国巨摩郡武田荘の荘管となり武田姓を名のり甲斐国守護から、戦国大名となる。源平の合戦で源頼朝方として戦功をたて鎌倉幕府の成立（1192年）後、有力御家人となり守護職に任ぜられる。以後、戦国動乱の時代を衰退・隆盛の歴史を繰り返し、1582年に織田信長に攻められ滅亡する。（磯貝正義　1970『武田信玄』親人物往来社）。

6）南牧の名称の起源は明治22年に始まる。それ以前に南佐久地域に「牧」の地名はない。南牧村は、明治22年に海尻、海の口、広瀬、平沢の各村々（古来伴野荘に属す）と大明村の内の板橋区が合併して成立した（南佐久郡志　1919：823）。

7）『甲斐国志』および『須玉町史』に如意輪観世音菩薩とある。この観世音菩薩は思惟の立像で、脇持2体がある。

8）西国三十三所観音霊場は、永延2年（988）に成立し天文年間（1532-55）に定着、続いて坂東三十三所観音霊場、秩父三十三所観音霊場が成立したのは文暦元年（1234）と云われる。一寺を増して百観音の成立は江戸初期といわれ、巡礼が多くなり百観霊場の巡礼は庶民の夢となった（山梨百科事典　1989、山寺　2001：178-9）。

9）甲斐国霊場の起源を探ると、四国八十八所霊場（確定年代は不明だがだが、1500年代には88ヵ所近くに絞られていた）になぞらえて安永5年（1776）に甲斐国八十八所を定め、第32番の札所の和田村法泉寺へ満願板額を奉納した文書がある（山寺　2001：180）。また、北巨摩郡には、延享元年（1744）の塩川筋霊場の文書「横道札所再興記（甲陽塩川）」（北村　2008：1）がある。なお、う

つし霊場（各霊場の本尊を一ヵ所に集めたもの）として、北巨摩郡の海岸寺には石工守屋貞治（1765-1832）による西国・坂東・秩父の百霊場の観音石仏がある。以上から、甲斐北巨摩郡に観音霊場が成立・定着するのは、甲斐八十八所霊場定め（1776年）、北巨摩郡百霊場塩川筋文書（1744年ころ）、海岸寺うつし霊場完成（石工守屋貞治は1832年没）などからみて、18世紀半ば以降のことだと見られる。

10) 秩父霊場三十四番の御詠歌は「梓弓射る矢の堂に詣で来て　願ひし法に当る嬉しさ」、小淵沢「矢の堂観音」は「御仏の誓をこめしあづさ弓　ねがひの的にあたる矢の堂」である。秩父霊場二十五番の岩屋堂御詠歌は「水上は何處なるらん岩屋堂　朝日も苦もなく夕日かがやく」、樫山「御安堂」は「水上は何處なるらん樫山の御安へ参る身こそたのもし」である。

11) 「棒道」は古文書記録には見られないが、武田信玄・晴信が開発した軍用道路として伝えられている。八ヶ岳南麓から西麓にかけての甲州・信州国境を通る棒のような直線道路で「上・中・下」の三本の"棒道"（三本は小淵沢を通る）が語られている。甲州から東側の野辺山—海の口へ至る「棒道」なども（大柴　2010：165）語られるが正確な経路は不明が多い。

12) 「三宝印」とは禅宗で「仏法僧宝」の4字を篆書・隷書などの字体で刻んだ印を用いた。後世には他宗でも祈禱、納経札、護符などに押すのに用いた（『仏教事典』、および寺の聞取り調査による）。

13) 修験道は、山へ籠って厳しい修行を行うことで験（しるし）をえることを目的とする日本古来の山岳信仰が仏教に取り入れられた日本独特の混淆宗教。修験道の実践者を修験者または山伏という。

14) 甲斐の三御牧と言われる真衣野牧（北杜市武川町）、穂坂牧（韮崎市穂坂町）、小笠原牧（北杜市明野地区）については、一章の注4）5）6）参照。小笠原牧の内の「柏前牧」は樫山村とする説もある。古代御牧が消えた跡に武士の牧が出現する（蒲池2020：17）説もある。

15) 「天台宗・真言宗、修験道の僧や修験者」の教義や活動の実態は、仏教・修験道、また八卦・易などにも通じ融通・混在している。本文中で宗教者とは寺僧・修験者・易者などの活動を行う人である。

16) 弘法栗、弘法水、弘法坂などがあり、樫山村内には修験と関係する天狗岩、大滝の洞窟などもある。

17) 筆者が確認している旧樫山村に在る東向きの家は5軒の旧家（1軒は不明）があった。この内1軒は昭和15年に老朽・解体し南向きに建替え、もう1軒は昭和40年代に廃屋・解体し家はないが、他の2軒は現在も東向きで存在する。

18) （甲州道）佐久往還は甲州街道の韮崎—若神子で二通りの道に分かれる、一つは若神子—須玉町・津金の海岸寺—淺川—樫山を経て—信州南佐久の平澤まで、もう一つは若神子—高根町の長沢—念場を経て—信州南佐久の平澤までをいう。信州峠から十文字峠を経て秩父の栃本宿へ至る。

19) 馬の「血とり」「血下げ」について長野県伊那や木曽地域、山梨県の次の調査がある（長尾壮七1984「獣医診断書としての『二十九処』」『日本医史学雑誌』18号。持本太朗　1973「馬の血下げと治療」『伊那路』17の1。下井　孝　1962「馬の血取りとふませ」『伊那』407の10。六波羅　悟　1976「馬の病気について」『伊那路』20の12。羽毛田智幸　2004「馬の治療道具『ササバリ』」『民具マンスリー』36の11。）

20) 刺鍼は補法と瀉法がある。補法は正気を補い充実させるための刺激施術が行われ、瀉法は邪気を排泄減少させるための瀉血施術が行われる（平馬直樹・浅川　要・辰巳　洋監修　2014『東洋医学の教科書』ナツメ社　216頁　参考）。『馬症千金宝』において「針すべし」とある百会、せんだん、は

130

じめ6経穴への刺鍼法は補法と瀉法両方の施術の意味か。

21）『安西流馬医巻物（宝永七年　安西播磨守著）』（松尾・村井　1996：263-315）において武州の聴（廳）鼻和が記された馬療書が2点紹介されているが、武州聴（廳）鼻和は不明であると記している（ibid.：298,299）。なお、「武州聴鼻和」の銘のある馬医書は『馬の写本』（天正17）も加わり三点になる。

22）地格は結制安居を申請により修行することのできる寺院。結制安居とは、1寺の住職となり正式なお披露目と僧侶を集める修行のことで、結制安居を終えた人を「大和尚」と呼ぶ。

23）長野県富士見町三光寺は、創建は応永24年（1417）、武田信重（甲斐国守護職、甲斐武田家14代）が父・武田信満の追善供養のために開いたのが始まりと伝えられている。当初は甲斐国に在り真言宗であったが天正2年（1574）曹洞宗に改修、慶長年間に現在の三光寺に改称、江戸初期に現在地に境内を移したと云われている（三光寺縁起）。

24）水原康道：1983「八ヶ岳の修験道」『小淵沢町誌（下）』、北村　宏・星野吉春：2014『八嶽神社と赤嶽神社』「八ヶ岳、もう一つの魅力　祈りの峰への道と石神仏」くらフォーラム in 八ヶ岳編集、参照。

Ⅴ章　文献（刊行順）

・南佐久郡役所　1919『南佐久郡志』

・若尾謹之助　1935「甲州年中行事」萩原頼平編纂発行『甲斐志料集成12』

・長野県編纂発行　1936『長野県町村誌　東信篇』

・唐沢和雄　1963「近世に於ける信州と武州との交流」『伊那路』7巻9号

・北原通男　1968「武蔵の伊那村に石工の足跡を尋ねて」『伊那路』12巻7号

・山梨県立図書館編集発行　1968,1969『甲斐国社記・寺記』

・林　述斎編　1969『新編武蔵風土記稿八』歴史図書社

・藤本弘三郎編著　1970『日本社寺大観』（全二巻）寺院編　名著刊行会

・柳田國男　1972『定本柳田國男集　13,27』筑摩書房

・田中積治　1979『粟沢附近の史跡と伝承』玉川印刷

・水原康道a　1983「修験宗」小淵沢町誌編集委員会編『小淵沢町誌下巻』小淵沢町

・水原康道b　1983「八ヶ岳信仰」『甲斐路』47.

・深谷上杉顕彰会編集発行　1986『深谷上杉氏の歴史』

・長野県南佐久郡南牧村編纂委員会編　1986『南牧村誌』

・山口平八編　1987『深谷町誌』臨川書店

・清雲俊元　1988「甲斐の密教」『甲斐路』64.

・茅野市編纂発行　1988『茅野市史　下』

・笹本正治　1988『戦国大名と職人』吉川弘文館

・五味浩司・長尾壮七　1989「十九世紀の馬治療記録—旧家所蔵日記から—」『日本獣医史学雑誌』第24号

・高根町編纂発行　1990『高根町誌　通史編　上巻』

・塙　保己一　1992『群書類従・第十八輯』平文社

・小淵沢町誌編集委員会編　1983『小淵沢町誌下巻』
・水原康道　1993「赤岳信仰と真鏡寺——植松氏〈真鏡寺系図〉から——」『甲斐路』76.
・松尾信一・村井秀夫　1996「解題」『日本農書全集60　畜産・獣医』農山漁村文化協会
・佐藤八郎校訂　1998『甲斐国志』大日本地誌大系　雄山閣
・山梨県教育委員会・学術文化財課編集　1998『山梨県歴史の道ガイドブック』山梨県教育委員会
・山寺　勉　2001『甲斐の石造物探訪』
・須玉町史編纂委員会編　2001『須玉町史　社寺・石造物編』須玉町
・須玉町史編纂委員会編　2002『須玉町史　民俗編』須玉町
・片山寛明　2002「馬頭観音誕生の背景と変容」『アジア遊学』35　勉誠出版
・山梨県編集発行　2004『山梨県史　通史編Ⅰ　原始・古代』　山梨日日新聞社
・羽毛田智幸　2004「馬の治療道具〈ササバリ〉」『民具マンスリー』第36巻11号
・水原康道　2005「八ヶ岳を読み解く」（平成17年12月15日大泉金田一晴彦図書館講演資料）
・笹本正治　2006『実録　戦国時代の民衆たち』一草舎出版
・小和田哲男　2007『戦国武将を育てた禅僧たち』新潮社
・北村　宏　2008『塩川筋三十四ヶ所観音霊場』『逸見筋三十三ヶ所観音霊場』『武川筋三十三ヶ所観
　　　　　　音霊場』私家版
・原　正直　2010「御柱から八龍神への変身」アジア民族文化学会・諏訪市博物館共催シンポジウム
　　　　　　4月24、25日『御柱シンポジウム——アジアから見た樹木・柱信仰』
・大柴弘子　2010『甲州・樫山村の歴史と民俗』鳥影社
・大柴弘子　2020『近世の樫山村・浅川村および「村」成立過程　序』鳥影社

VI章（付記）

宿河原の『馬経伝方』と「安西流馬医巻物」

　日本の馬医古書（馬医絵巻・伝書など）について現在では次のように整理・分類が試みられている（松尾・村井　1966：299 参照）。この時点（1966 年）において、宿河原の『馬経伝方』はまだ未知であるが、分類中では「安西流馬医術の正統な巻物」とされる分類Aに属す馬医古書である。以下、宿河原の『馬経伝方』※の紹介と今後の馬医学史研究において馬古書探索の際に当り若干の所感を付記した。

　※『馬経伝方』（元木茂家所蔵）は、宿河原町会 45 周年記念誌『語り継ぐ宿河原』（宿河原町会編集委員会　2003：333-340）に掲載されている。筆者の手元に在るのは、『語り継ぐ宿河原』に記載されたもので北村宏氏（郷土史研究家、写真記録を中心に著作多数）から伝受したものである。

1．馬医古書の分類、および「安西流馬医術の正統な巻物」A、A"、B

　現在、確認されている日本の馬医古書の中で安西流の範疇に入る馬医古書はA、A"、B、C、D、E、F、G、に整理・分類されている（松尾・村井　1966：299）。この内で特にA、A"、B、は安西流馬医術の正統な巻物とされ、それは**粉河（古河）僧正と安西播磨（摩）守の銘**があるものである（ibid.：299）。ここで紹介する宿河原の『馬経伝方』は、安西流馬医術の正統な巻物とされる次のA、A"、Bの内のAに属す。

　　A『安西流馬医巻物（宝永・安西流馬医絵巻）』天正七年（1579）日付の原本を宝永七年
　　　（1710）に写本したものである。信州大学農学部蔵
　　A"『安西流馬医伝書（寛正・安西流馬医絵巻）』寛正五（1464）年。三井高孟蔵
　　B『馬医巻物（永正・安西流馬医絵巻）』永正八年（1511）。東京大学獣医生理学教室蔵

2．A『安西流馬医巻物（宝永・安西流馬医巻物）』宝永七年（1710）と
　　宿河原『馬経伝方』嘉永五年（1852）の類似

1）所在、発見と時代背景
　A『安西流馬医巻物（宝永・安西流馬医絵巻）』安西播磨守著は、天正7年（1579）日付の元本を宝永7年（1710）に写本したもので、松尾・村井により解題されている（松尾信一・村井秀夫　1996：261-95）。著者によると、この書の入手の契機は、昭和49年（1974）駒ヶ根市の旧家から信州大学農学部へ寄贈されたものであるという。なお、駒ヶ根市は中馬で最も栄えた伊那街道筋（中山道）に在り人馬の交流の盛んな地であった。

　一方の宿河原の『馬経伝方』嘉永5年（1852）の所在と歴史は次のように記されている。「『馬経伝方』の底本は、当時の村役を歴任した元木家に先祖代々重宝として保存されてきたもので、先祖は江戸時代に伯楽をやっていた。鷹狩に来た殿様の馬の病気を助けたことに因り、その褒美に苗字帯刀と共に唐から伝わる**馬経伝方**一巻を与えられたという。」

　宿河原は現在の東京都調布市に位置したが、昔は武蔵国に属し戦国期の文書に「駒井宿河原」の記載がある。また、甲州街道にある「布田五宿」の助郷も務めた。

2）両写本の元本は同一、「馬医術継承」および誤記
　両書の内容・記載順（番号を付けて順に記す）は以下の如くであり同一である。

　1.五輪砕（図1）　2.五行の配当表（図2）　3.五輪塔（図3）　4.仏の手（図4）　5.馬の解剖・背面図（図5）　6.馬の外観、針をうつ経穴と鍼の深さ（図6）　7.梵字の阿字（図7）　8.五輪塔〈二〉（図8）　9.馬の解剖・腹面図（図9）　10.馬の顔と仏の顔（図10）　11.馬の部片図と馬体外貌図（図11）　12.馬に鍼をうつ部位と方法、効果（図12）13.馬に鍼をうつ部位と方法、効果（図13）　14.絵巻の由来と主旨　15.馬医術継承の図。
　　次に、『馬経伝方』の誤記について記すと
　（1）上記14．絵巻の由来と主旨、において文末の年号は「**天心十五年八月吉日**」と記

されているが、**天心**は年号に無い。天正十五年（1587年）の誤りか。

（2）上記15. 馬医術継承の図、において年号が**寛文十五年　いぬ正月図書之**とあり、**寛文十五年　いぬ正月**は明らかに誤である。寛文は12年で終わり、<u>いぬ</u>（戌）年とすると慶長15年（1610）庚戌と享保15年（1730）庚戌があるが不明である。

次に、上記15. 馬医術継承の図において『馬経伝方』では次のようである。

「右馬経一軸者紀州日高

　郡於志賀谷村農家

　添姓宮崎先祖佐源太

　従中川飛騨守君援受

　此一巻世子孫不可忠者也　元木佐源太㊞

　嘉永五年壬子春正月　□□□　」

3．日本の馬医古書の探索・研究にあたり若干の考察

写本、誤記・曖昧な記載：A『安西流馬医巻物』の写本は宝永七年（1710）、一方の『馬経伝方』の写本は**嘉永五年**（1852）である。両書の内容は全く同じであることから、写本経路や経過は異なるが元本は同じであることが判る。因みに、A『安西流馬医巻物』写本を遡ると（1710）年写本は、天正7年（1579）からの写本、さらに源流を辿ると永正8年の「安西流馬医絵巻」（1511）、さらに室町時代のA ”「安西流馬医伝書」（1464年）にたどり着く（ibid.：314）。『馬経伝方』においても、上記の14.絵巻の由来と15.馬医術継承の図から（年号誤記不明があるが）幾度かの写本を経ている。

なお、これらの馬医古書では誤記や不明確な部分がある。『馬経伝方』においては殊に年号の誤記や曖昧が目立ち、A『安西流馬医巻物』においても「五行配当」の「五禁」が「五味」と誤記され、「五根」「五臓」についても差異・曖昧が在る（**IV章　補遺も参照**）。なお、この「五行配当」の誤記は『馬経伝方』においても同様である。「五行理論」の誤記や曖昧の箇所が類似していることは、最初の元本（あるいは源本）から誤記や曖昧の箇所が継承されて写本されてきたものと考えられる。

馬療需要と馬療者、馬医学知識：わが国の馬医術が朝廷の官職から学者・知識人の僧侶や武士へ（そして庶民へと）移行するのは鎌倉から室町時代にかけてのことだといわれる。そして、山伏、修験者、陰陽師、下級武士などから馬医専門者の長吏、伯楽、馬喰などが現れる。中世以降の馬療需要の社会背景を展望すると、戦国時代の戦闘要員としての馬と馬療の需要から、近世に至ると伝馬・「中馬」や農耕馬の馬と馬療の需要へ移行していく。ここでのA『安西流馬医巻物』と『馬経伝方』は、近世の伝馬・「中馬」や農耕馬の盛んな時代である。

鎌倉時代末から室町時代にかけての馬医知識・馬書は<u>中国宋からの輸入本</u>が基になった。そこから江戸時代になると、馬療知識の提供と馬療行為は修験者・馬喰・伯楽などに引き継がれて行き、馬療書の写本も行われるが当時は馬療（医学）の統一された権威が存

在していなかった。馬療の需要が増し求められると素人 " 俄か医者 "" 識者 " が馬療に関与したであろう。『馬経伝方』の年号の誤記に見られるような誤記や曖昧が見られることは、当時の馬療者と馬医知識および継承の実態を反映している（Ⅳ章　補遺も参照）。

　　街道と馬、馬療需要：両書の出所は、ともに江戸時代の街道の宿場である。馬が普及し街道における「中馬」が盛んな時代である。両書は、主要街道・中仙道の旧家に存在した写本である。江戸時代の各街道の宿場には人馬の提供が義務付けられ、街道は常に馬が往来していた。街道では、馬飼はじめ馬主、馬の取引・売買を直接扱う馬喰や伯楽など、宿場・問屋場を中心に活躍していた。宿場・問屋場の家主が伯楽を兼ねることもあった。貴重な馬の健康管理は最大の関心事であったであろう。文書でも分かるように馬療書は貴重品・宝物であった。当時の街道や宿場では馬療書が存在し、馬療知識・馬療書を通じての交流もあったであろう。

　　馬・馬療の古書資料との出あいは、一般的に馬と人が集中して活動した場所に因る

　　その一つは江戸時代の街道や宿場があり、また戦国時代の戦闘に関わった場所である。

結　語

　現在では住民の記憶からも亡失されている『馬症千金宝』だが、それは「バショウ」とも言われ馬の病気に際し昭和20（1945）年代まで活用されていた。その元を訪ねると住民や医療専門家からは“古代御牧のものではないか”“祈禱や呪いで医学的に無価値、見るほどのものではない”などの反応が返ってくるだけで不明のままであった。『馬症千金宝』は現在のところ地域において5冊が確認され、他に類似の1点が武州出自で確認されている。そこで、『馬症千金宝』の解読および内容検討、そして地域の文書・民俗調査によりその医世界および由来の探索を試みた。その結果、次の結論を得た。

　『馬症千金宝』は病馬の治療書である。『馬症千金宝』における「此の日」の馬の病因は祟神に因る。祟神は「十二日方位祟神所在」（病日の方位に所在する神の祟り）である。病馬への対処法の治療は加持祈禱・本草・鍼灸である。この病因および対処法の治療は、陰陽五行理論に因るものであった。

　そして、『馬症千金宝』の由来について見ていくと、『馬症千金宝』版行は1700年代後半から1800年代初であった。1700年代後半から1800年代初は、まさに地域の新たな農耕・新田開発に伴い馬の普及・増産の時期であった。この時期の地域では、貴重な馬の病気治療や予防・健全や安全のために観音堂祭や馬の加持祈禱が行われ馬頭観音建立も盛んであった。そして、馬療書の需要も生まれた。これに呼応して馬療書『馬症千金宝』矢野堂昌久寺木版が行われた。『馬症千金宝』木版は、地域の宗教者（寺僧・修験者）により為された。昌久寺木版は既存の元本「馬症千金宝（仮称）」を基に作成されたであろう。元本「馬症千金宝（仮称）」は鎌倉時代に著作され戦国期に在ったであろうもので、それを基に宗教者（寺僧・修験者）によって加筆・修正され『馬症千金宝』昌久寺木版が為された。

　なお、この結論と共に次の事項も明らかになった。

　観音堂祭りや馬頭観音の歴史を辿ると、中世戦国期における観音堂では武士（武田氏）により戦勝祈願と馬の加持祈禱が行われた。馬の加持祈禱は戦勝の要となる馬の健康・安全・災避を願うものである。戦勝祈願と馬の加持祈禱は一体で、それは武士の寺院や別当・観音堂において宗教者（寺僧・修験者など）により執り行われた。戦国期武士による観音堂での馬の加持祈禱は、近世になり庶民に受け継がれていった。それは、近世庶民の馬の普及増大に伴い貴重な馬の健全のための観音堂祭りと加持祈禱が行われるようになり、そして馬頭観音建立が盛んになり、また馬療知識が求められ馬療書も版行された。なお、安永10年（1781）には矢野堂観音再建が行われているが、この一大事業には『馬症千金宝』

版行が行われた可能性が考えられる。近世以降の矢野堂観音・馬の観音堂祭り・加持祈禱は農民・庶民が主体となった。

　近世になって版行された『馬症千金宝』は、中世の戦国期に在った元本「馬症千金宝（仮称）」を基にしたということについて、その歴史社会を辿ると次のことが推定された。近世の地域社会や経済をみたとき、原稿作成から版行に至るまでの人的状況や経済的負担を要することから見て昌久寺版行は不可能と見た。だが、既成原稿が在れば、木版のみの負担となり版行は可能となったであろう。その既成原稿である「馬症千金宝（仮称）」は戦国期の馬の加持祈禱の時代に存在していたものと考える。それは、地域における修験宗教の盛んであった歴史や戦国期から近世に至る修験宗教者の活躍、馬療の背景・歴史経過から、中世の馬療・加持祈禱に関わった宗教者（寺僧・修験者など）と伴に近世に存続したものであったと見なされる。

　年不詳の甲州の『馬症千金宝』と天正拾七年（1587）写本の武州の『馬の写本』の類似から、甲州と武州の歴史社会を辿ると次のことも明らかであった。両州は古代より馬の歴史とともに宗教（修験道・仏教など）の密接関係および修験者の交流関係が盛んであった。そして、16世紀における甲州・武田氏と武州・上杉氏の両者の菩提寺の同一・近接および寺僧の輪住が見られた。『馬症千金宝』と天正拾七年（1587）写本の武州『馬の写本』との類似は、この時期の宗教者（寺僧・修験者）の往来と交流の結果が考えられる。つまり、元本「馬症千金宝（仮称）」知識が甲州、武州それぞれの宗教者を経て、それぞれの地域に伝わったと考えられる。そして、元本「馬症千金宝（仮称）」の起源は鎌倉時代に遡る。

　馬療書、元本「馬症千金宝（仮称）」は鎌倉時代における中国宋から輸入された知識の陰陽五行哲理理論に因るもので、それは鎌倉時代に存在した。天正拾七年（1587）写本と記された武州『馬の写本（祭事の巻）』の当初は「馬症千金宝（仮称）」からの写本であったであろう（現在見るのは、何代か写本を経ている）、一方、甲州の昌久寺版『馬症千金宝』も同じく、当初は「馬症千金宝（仮称）」からの写本に依るものであったであろう。その「馬症千金宝（仮称）」が近世に至り加筆修正されて『馬症千金宝』矢野堂別當昌久寺版行となった。（鎌倉時代に存在したとする「馬症千金宝（仮称）」は実証ではない。それが白文であったかあるいは輸入知識の和製著作本であったかなど内容は分からない。）

　次に馬医学史（および医学史）において次の事項が明らかになり、また、課題になる。
（1）「病・病苦」への対処法・治療
　緒言において、「馬療」とは馬の病苦を除き健全のための対処法（生物医学における治療のみならず加持祈禱や祓いや呪い、本草、鍼灸なども含む治療の全体）を言うと記した。生物医学の治療以外を"非科学的""迷信"という理由で治療対象から除外するとしたら、「病・病苦」と対処法の治療全体を見ることができない。従って「病・病苦」に対する対処法の治療は、生物医学の治療（狭義）のみならず生物医学以外の加持祈禱・呪い、本草、鍼灸などの対処法・治療も含むすべての**治療**（広義）とする。これにより『馬症千金宝』は馬療書（治療書・医学書）とした。

馬療書『馬症千金宝』における病気観は中国古典に依拠し「陰陽五行理論」に基づくものであり、病因の「十二支方位祟神所在」と対処法の加持祈禱、そして本草や鍼灸は五行哲理が基本になっていた。これは、病因の「祟神」や対処法の「加持祈禱」や"呪い"の神事も治療（広義）としたことで、『馬症千金宝』治療における五行理論の存在が明らかになった。

（２）「古河僧正王〈子・孫〉武州廳鼻和住人安西〈某〉」は「廳鼻和上杉」に関わる馬医者であった。

　馬医古書の解題において、「安西流馬医述伝書」中にみられる銘の"聴鼻和"が不明とされていたが（松尾・村井　1996：299）、本文において明らかになった。それは、『馬症千金宝』の医世界および由来探索から、歴史・社会に展開していくなかで、『馬の写本』に記されている「古河僧正王〈子・孫〉武州廳鼻和住人安西〈某〉」の銘は（この銘は安西流馬医術の正当な巻物）、16–17世紀の武州・廳鼻和上杉氏に関わる僧馬医者を指していることが判明した（Ⅴ章3節2.）。なお、武州・廳鼻和は、東国への主街道に位置すること、上杉氏は鎌倉から出て関東・奥州管領として馬と密接な役職についていたこと、仏教への帰依が深いこと、などが分かった。

（３）「祭事の巻」という記載について

　『馬の写本』の最後の三段落目は「安西流馬医書」とは異なる幾多の記事が記されて（Ⅰ章3節2.）その項目は○灸書奥書　○金伝書　○祭事ノ巻、などで宗教儀礼要素を含む写本の集成とみられた。この　三段落目に在る○祭事ノ巻の項目が『馬症千金宝』と類似する内容であった（『馬症千金宝』では祭事巻の項目が本中の一部に記されている）。

　ここで、馬療書（治療）において祟りや加持祈禱の「祭事の巻」という記載は「祭事」を取り上げ、「祭事」以外（例えば、科学的治療・生物医学的治療）の対処法と区別認識されていることに因る。「祭事」は"神事"の加持祈禱・呪い・祓いなどで宗教者（寺僧・神主・修験者など）が関わる。生物医学以前における「病・病苦」への対処者は宗教者でもあった。宗教者に因る"祭事・神事"を（それ以外の治療・対処と）区別する認識がいつの時期に、どのように生まれたのか、古書中にどのように記されてきたのだろうか。医学・治療史の課題になる。

（４）『馬症千金宝』と日本の馬医古書

　『馬症千金宝』の病因は全て「祟り」であり「加持祈禱」が記されているが、現在において確認されている日本の馬医古書（Ⅲ章　⑪⑫⑬⑭⑮⑯）の中では「祟り」を表記したものは見られない。また、『馬症千金宝』の病名は日本の馬医古書中に在る「大風」「早風」以外の病名は不明な"ことば・病名"である。これらから見て『馬症千金宝』は、現在確認されている日本の馬医古書とは異なる別系統と言える（現在確認されている日本の馬医古書は未開拓の段階と云われている範囲内でのことであるが）。

（5）現代生物医学の「治療」だけではない治療

　人が馬と共に生きるとき、馬の病・病苦や死は人自身の「病・病苦」でもあり、人は病・病苦の除去、救済の対処法・**治療**を行う。**治療**には「生物医学の治療」と言われる以外の治療も行う。生物医学以外の治療には、例えば加持祈禱・呪いも含む。

　医学・治療史において病・病苦と宗教者（寺僧・神主・修験者など）は密接である。そして、宗教者は治療者でもあった。病・病苦の対処・治療に"神事""祟り・呪い"など記されているとき、それらを馬医学史・医学史から除外してみることはできない。

おわりに　謝辞

　地域に在った未知の『馬症千金宝』について、獣医学や歴史に門外漢がその医世界と由来の探索を試みた「郷土誌ノート」である。これにより判ったことは、「馬症千金宝」は呪いや迷信の書ではなく五行哲理に基づく医書であること、「馬症千金宝」は古代御牧の時代に在った（これは地域住民の言）のではなく起源は鎌倉時代であること、そして「馬症千金宝」に在る馬医学知識は中世の騎馬戦闘の時代を経て近世の傳馬・農耕馬が盛んな時代になって馬療（治療・健康保持増進）需要が高まり版行されたこと、版行された『馬症千金宝』の木版年は 1700 年代後半から 1800 年代初であった。以上が結論であった。

　ところで、この調査研究は自ずと筆者の看護や保健・人類学徒の視点から見ることになり新たな関心と不備が感じられ、さらに調査や検討の必要があった。だが、実行が叶わず調査研究は途上の状態である。途上だが、医学史の参考資料の意義を考え現状までを版行することにした。諸先生方のご意見、ご指摘など頂戴し次に進みたいと考えています。

　此の度の調査では地域の方々や諸先生方に大変お世話になりました。

　獣医学については獣医学研究者の松尾信一、馬事文化財団の村井文彦、故白井恒三郎先生の御子息白井厚、以上の諸先生方には馬医書・古書の紹介やご教授をいただきましたことを心より感謝申し上げます。また、杏雨書屋および麻布大学情報学術センターでの閲覧、そして故白井恒三郎先生の寄贈本の閲覧などの折にお世話になりました方々に深くお礼申し上げます。また、現地調査では日高市在住の横田八郎様、深谷市国済寺住職様、甲府市在住の中山平様、小淵沢町の浅川健圓様ならびに「ふるさと研究会」の皆様方、また、修験宗・郷土史研究者でもある高福寺の水原康道住職様、昌久寺土川住職様、諏訪市の小泉寺住職様、地域調査研究・写真家の北村宏様、の皆様に大変お世話になり御礼申し上げます。そして「馬療」を通して出会いお世話になった皆様方には（お名前を省略させていただきましたが）心より感謝しお礼申しあげます。

　なお、鳥影社には出版に当たり終始、大変お世話になりましたことを感謝申し上げます。有難うございました。

〈著者紹介〉

大柴弘子（おおしば　ひろこ）

1941 年 東京に生まれる。1944～1959 年 山梨県北杜市高根町清里村（旧樫山村）在住。
1962 年 中央鉄道病院看護婦養成所卒（看護師）1966 年 埼玉県立女子公衆衛生専門学院卒（保健師）
1977 年 武蔵大学人文学部社会学科卒　1994 年・2002 年 東京都立大学大学院修士課程卒・同大学
院博士課程単位取得退学（社会人類学専攻）
職歴：国鉄大宮鉄道病院、厚生連佐久総合病院健康管理部および日本農村医学研究所、南相木村、
信州大学医療技術短期大学部看護学科、各勤務。昭和大学保健医療学部、厚生省看護研修研究
センター等非常勤講師。現在、湖南治療文化研究所主幹
著書：（郷土誌・民俗調査関係、以下鳥影社）
　　　『甲州樫山村の歴史と民俗Ⅰ』（2010）
　　　『甲州樫山村の歴史と民俗Ⅱ』（2017）
　　　『18 世紀以降近江農村における死亡動向および暮らし・病気・対処法』（2015）
　　　『近世の樫山村・浅川村および村成立過程　序』（2020）

馬療書『癘癀千金寶』の
医世界および由来を尋ねて
──馬医学史および甲州・武州の歴史社会の展開──

本書のコピー、スキャニング、デジタル化
等の無断複製は著作権法上での例外を除き
禁じられています。本書を代行業者等の第
三者に依頼してスキャニングやデジタル化
することはたとえ個人や家庭内の利用でも
著作権法上認められていません。

乱丁・落丁はお取り替えします。

2025 年 4 月 12 日初版第 1 刷発行
著　者　大柴弘子
発行者　百瀬精一
発行所　鳥影社（www.choeisha.com）
〒160-0023　東京都新宿区西新宿 3-5-12 トーカン新宿 7F
電話　03-5948-6470，FAX 0120-586-771
〒392-0012　長野県諏訪市四賀 229-1（本社・編集室）
電話 0266-53-2903，FAX 0266-58-6771
印刷・製本　シナノ印刷
ⓒ Hiroko Oshiba 2025 printed in Japan
ISBN978-4-86782-141-1 C0039